国家双高院校教学改革示范成果
国家级教师创新团队倾力打造

人工智能伦理

主　编　肖薇薇　董同彬

副主编　胡　蓉　胡　正

主　审　杨小东

U0209029

电子工业出版社
Publishing House of Electronics Industry
北京·BEIJING

内 容 简 介

人工智能的迅猛发展不仅深刻影响着技术创新、社会变革和职业发展，而且带来了诸多人工智能伦理问题和挑战。为贯彻落实国家现代职业教育高质量发展要求，促进社会公众特别是青年学生对人工智能伦理的学习和思考，本书以学生为中心，以能力为本位，以提升人工智能伦理素养为宗旨，采用"问题导向、任务驱动、案例探究、场景应用"的方法编写，突出通俗性与生动性，注重实用性与实践性，体现创新性与前瞻性。

本书以"苏菲探索 AI 的奇妙之旅"系列故事为导入激趣设疑，通过搭建"案例导入"—"学习任务"—"知识探究"—"延伸学习"等逻辑链路，辅以"思维训练""智慧锦囊""课后拓展""课后思考""课后测验"等模块，构建多维立体的知识学习体系、能力训练体系和素质提升体系。本书共七章，分别是第一章红色引擎：人工智能的国家战略；第二章蔚蓝革命：人工智能的前世今生；第三章紫雾探幽：人工智能伦理概述；第四章墨镜映鉴：人工智能伦理案例分析；第五章绿韵悠长：人工智能伦理与生态发展；第六章橙曦启明：人工智能伦理的社会治理；第七章金典引航：人工智能伦理的智慧之光。

本书体系完整，内容丰富，视角新颖，主题前沿，配有数字化教学资源与网络教学平台，可作为职业院校本、专科学生的教学用书，也可作为人工智能时代社会大众提升人工智能伦理素养的通识读本。

图书在版编目（CIP）数据

人工智能伦理 / 肖薇薇，董同彬主编. -- 北京：
电子工业出版社，2024. 7. -- ISBN 978-7-121-48298-4

Ⅰ．TP18；B82-057

中国国家版本馆 CIP 数据核字第 2024QD2340 号

责任编辑：王昭松
印　　刷：河北鑫兆源印刷有限公司
装　　订：河北鑫兆源印刷有限公司
出版发行：电子工业出版社
　　　　　北京市海淀区万寿路 173 信箱　邮编　100036
开　　本：787×1 092　1/16　印张：14.75　字数：377.6 千字
版　　次：2024 年 7 月第 1 版
印　　次：2024 年 7 月第 1 次印刷
定　　价：68.00 元

凡所购买电子工业出版社图书有缺损问题，请向购买书店调换。若书店售缺，请与本社发行部联系，联系及邮购电话：（010）88254888，88258888。

质量投诉请发邮件至 zlts@phei.com.cn，盗版侵权举报请发邮件至 dbqq@phei.com.cn。

本书咨询联系方式：（010）88254015，wangzs@phei.com.cn，QQ83169290。

PREFACE 前言

科技发展，伦理先行！任何一次技术革命，都伴随着相关的伦理风险与挑战。

党的二十大报告强调，推动战略性新兴产业融合集群发展，构建新一代信息技术、人工智能、生物技术、新能源、新材料、高端装备、绿色环保等一批新的增长引擎。2024年全国两会期间，人工智能成为热议话题。政府工作报告明确提出开展"人工智能+"行动，强调深化大数据、人工智能等研发应用，打造具有国际竞争力的数字产业集群。

人工智能伦理作为一门新兴的跨学科课程，其内容体系植根于计算机科学、哲学、社会学、法律等多个学科的交汇点。随着人工智能技术的飞速发展，其在决策、自动化和数据处理等方面的伦理问题引发了社会的广泛关注，尤其是在隐私保护、数据安全、责任归属、机器自主性等方面。各国政府及国际组织对人工智能伦理问题进行了探讨并出台了相应的治理文件，如欧盟的《通用数据保护条例》（General Data Protection Regulation，GDPR）和联合国教科文组织通过的《人工智能伦理问题建议书》等。我国在人工智能伦理的研究和治理方面表现出积极的态度。在国家层面，我国已经发布了《新一代人工智能伦理规范》，旨在将伦理道德融入人工智能全生命周期，为相关活动提供伦理指引。该规范涵盖管理、研发、供应、使用等特定活动的伦理要求，强调增进人类福祉、促进公平公正、保护隐私安全、确保可控可信、强化责任担当和提升伦理素养。此外，我国还积极推动国际合作，参与全球人工智能伦理治理的讨论，以形成具有广泛共识的治理框架和标准规范。在学术研究方面，我国学者和研究机构正深入探讨人工智能伦理的多个维度，包括数据治理、算法治理、伦理治理等，并在国际舞台上分享研究成果，推动人工智能伦理研究的发展。

在人工智能已经成为新质生产力发展重要引擎的背景下，人工智能技术在现行教育体系中得到了充分重视，很多学校纷纷开设人工智能技术等相关专业，有的学校甚至设立了人工智能学院。但是，对人工智能伦理的教学却未给予足够的关注，相关课程鲜有开设。科技是一把双刃剑。在人工智能技术高歌猛进的同时，人们应保持理性思辨，高度重视人工智能伦理问题。可以说，人工智能伦理的教育迫在眉睫，时不我待！

本书是杨小东教授领衔的工业机器人国家级教师创新团队打造的系列教材之一，也是国家级精品在线课程《哲学基础》的模块之一"科技哲学与文明之道"的延伸教材。

编写人员由长期从事科技伦理与人工智能伦理研究与教学的国家级创新团队教师、人工智能领域的专家学者和行业企业应用研究专家等组成，其中有教授 4 人，副教授 5 人，（教授级）高级工程师 2 人。

本书由七部分构成，具体如下：

章节	名称	具体内容
第一章	红色引擎： 人工智能的国家战略	·人工智能与国家战略的融合； ·人工智能对产业与就业的深远影响； ·人工智能素养与社会适应
第二章	蔚蓝革命： 人工智能的前世今生	·人工智能的发展历程； ·人工智能的核心技术； ·人工智能的应用场景
第三章	紫雾探幽： 人工智能伦理概述	·人工智能伦理的含义及其发展； ·人工智能伦理的主要分类； ·人工智能伦理的风险评估
第四章	墨镜映鉴： 人工智能伦理案例分析	·人工智能伦理典型案例； ·人工智能伦理问题； ·人工智能伦理的原则遵循
第五章	绿韵悠长： 人工智能伦理与生态发展	·人工智能的生态责任； ·理想人工智能的生态特征； ·优化人工智能生态的原则
第六章	橙曦启明： 人工智能伦理的社会治理	·人工智能的伦理规范； ·人工智能的法律规制； ·人工智能的行政监管与行业自律
第七章	金典引航： 人工智能伦理的智慧之光	·马克思主义理论对人工智能发展的指引； ·中华优秀传统文化对人工智能发展的启示； ·人工智能与人类共生的未来愿景

本书具有以下特色：

特色一：响应国家战略，服务新质生产力

本书深入贯彻落实党的二十大精神，积极响应国家科教兴国战略、人才强国战略和创新驱动发展战略，以立德树人为根本任务，以为党育人、为国育才为根本目标，采用跨学科方法，结合哲学、伦理学、法学、教育学、人工智能科学等视角，全面讨论人工智能伦理问题。通过不同学科的交叉与融合，构建多元分析框架；以服务国家高素质人才培养需要为立足点，通过内容解构、教学方法改革等，确保教学内容、教学目标与国家战略性新兴产业相匹配，助力培养具备创新精神和实践能力的新型人才，推动经济和社会的高质量发展。

特色二：注重课程思政，价值引领育全人

本书注重课程思政的渗透，选取国内人工智能领域的优秀案例激发学生的民族自信。以马克思主义为指导，以习近平新时代中国特色社会主义思想为根本遵循，将马克思主义理论、社会主义核心价值观、中华优秀传统文化、国家政策等有机融入各章节，落实"八个相统一"要求，注重知识传授与价值引领的有机结合，培养德智体美劳全面发展的人才。

特色三：聚焦应用场景，理实一体强能力

精选和设置典型、真实的应用场景，通过任务驱动实现理论与实践的结合，让学生在实际操作中学习和应用知识。每章节均有对应的实践教学任务，强化实践训练，使学生在应用场景中切身体验人工智能伦理困境，探索解决人工智能伦理问题的方法和途径，增强学生解决伦理问题的能力，为学生未来的职业生涯打下坚实基础。

特色四：深化产教融合，校企双元促创新

坚持产教融合、校企联动，紧跟人工智能技术发展趋势。本书在编写过程中邀请人工智能领域行业专家参与内容编写、人才培养方案制定及课程资源开发，注重选用人工智能产业的最新案例，实现教育资源与产业需求的深度对接。通过产学研一体化发展和校企双元合作，促进学生创新思维和实践能力的培养，为企业输送适应市场需求的创新人才。

特色五：配备数字资源，打造教学新形态

本书采用"互联网＋新形态"的理念开发了丰富的数字化教学资源，包括二维动画、教学微课、案例分析、章节测验等，学生可以扫描书中二维码进行在线学习。本书对应的课程已完成整套示范教学包，包括课程标准、授课计划、电子教案、电子课件、教学微课、章节测验等，可为教师开展人工智能伦理教学或学生自主学习人工智能伦理课程提供支撑，配套教学资源能很好地支持线上＋线下混合式教学，扩展教学时空，提高教学效率与质量。

本书由杨小东担任主审，中山大学教授、博导夏明华担任校外审核专家并提供诸多建议和意见，本书由肖薇薇、董同彬担任主编，胡蓉、胡正担任副主编。全书由肖薇薇、董同彬拟定写作大纲和统筹撰写工作，由肖薇薇、董同彬、胡蓉负责全书审稿工作，由刘方慧、安济森、倪海锡、夏天梅负责全书国际化内容的审核与校对等。具体编

写分工为：

第一章：肖薇薇、杨洁

第二章：胡正、高瑶、吕召彪（企业专家）

第三章：胡蓉、罗美玲、肖薇薇、郑凛（行业专家）

第四章：董同彬、周俪、肖薇薇、胡蓉

第五章：牛俊英、陈雨、肖薇薇、董同彬

第六章：王志雄、陈嘉敏、胡蓉、董同彬

第七章：冯孟、牛国兴、肖薇薇

本书在编写过程中参考了众多专家、学者的论文和著作，也得到了有关领导和同事的支持和帮助，在此谨致谢意！由于编者水平有限，加之人工智能技术及人工智能伦理研究发展迅猛，书中难免有疏漏和不足之处，敬请读者批评指正！

编　者

2024 年 3 月

目录 CONTENTS

第三章
紫雾探幽：人工智能伦理概述　/49

智能音箱：
隐秘的间谍还是
智慧的顾问？

第四章
墨镜映鉴：人工智能伦理案例分析 /89

学习头环：
助学神器还是
"紧箍咒"？

本书配套立体化资源一览表

微课二维码索引

交互式测验二维码索引

拓展阅读二维码索引

第一章

红色引擎：
人工智能的国家战略

Ai

苏菲探索AI的奇妙之旅 *1*

智能生活：未来已来

　　在一个阳光明媚的周末，14岁的苏菲和家人计划去郊外野餐。苏菲的妈妈已经提前通过一款名为"智能购物助手"的应用购置好野餐的用品。这个应用利用人工智能技术分析苏菲一家的购物习惯，推荐一些适合野餐的食物和饮料。苏菲对这个应用充满了好奇，她问妈妈："这个应用怎么知道我们需要什么？"妈妈解释说，"这个应用可以通过分析我们以往的购物记录，为我们提供个性化的建议。"苏菲尝试了这个应用推荐购买的一款新口味薯片，但尝试后感到很失望，她想："人工智能的建议并非完美无缺嘛。"

　　在去野餐的路上，他们的智能汽车通过北斗导航找到了最佳路线，自动驾驶功能让一家人轻松地享受旅程。野餐时，苏菲注意到爸爸正在使用智能家居系统远程控制洗衣机，随时掌握洗涤状态和进度。这些智能设备让苏菲感受到了科技带来的便捷。

　　回家途中，苏菲爸爸的智能手表突然发出紧急警报，提示家中的智能安全系统检测到了异常情况。爸爸迅速通过手机查看家中的实时监控画面，原来是小猫不小心触发了传感器，导致系统误报。这个小插曲让苏菲意识到，尽管人工智能技术很强大，但仍需持续改进，以确保其更好地服务于人类。

　　晚饭后，苏菲和家人围坐在客厅，讨论着人工智能是如何改变他们的生活的。苏菲的爷爷是一位退休工程师，他感慨年轻时的科技梦想已经通过AI技术——得以实现。爷爷非常欣喜地提到多国政府及国际组织都出台了关于推动人工智能健康发展的政策文件，这些政策就像启动国家创新的"红色引擎"，推动着人工智能技术的发展和应用，为国家的经济增长和社会发展注入新动力。

　　苏菲被爷爷的话深深吸引，并陷入了沉思：人工智能时代已经来临并深刻地影响着人们的生活，假如人工智能未来能拥有与人类一样的智慧甚至超越了单个人类，人类能否驾驭它？人工智能能否朝着人类所希望的方向发展？人工智能是否会给人类带来困扰呢？

　　苏菲探索AI的奇妙之旅即将开始！

 学习目标

知识目标	能力目标	素养目标
1. 了解第四次工业革命的特征，以及人工智能在其中的作用和影响。 2. 了解人工智能在国家经济、安全和创新战略中的关键地位和作用。 3. 熟悉国家层面关于人工智能的政策文件、指导意见及战略部署。	1. 能够分析和评估人工智能技术在国家战略中的实际应用效果。 2. 能够识别和讨论人工智能技术发展可能给国家战略带来的机遇和挑战。 3. 能够参与讨论和提出基于人工智能的国家战略建议，以促进可持续发展。 4. 了解人工智能技术在制造业中的应用案例。	1. 充分认识到人工智能在国家战略中的重要性。 2. 形成对人工智能技术发展的责任感，理解其对社会、经济和环境的影响。 3. 强化对人工智能伦理问题的意识，明确在技术创新中维护伦理标准的重要性。 4. 培养持续学习和适应技术变革的开放心态，为职业生涯发展做好准备。

 学习导航

学习重点	1. 第四次工业革命的特征及其与人工智能技术的关联。 2. 人工智能在国家战略中的重要作用，特别是在经济、安全和创新方面。 3. 梳理国家层面人工智能相关政策，分析政策对产业发展的影响。 4. 人工智能技术在制造业中的应用案例分析。
学习难点	1. 人工智能如何与国家战略紧密结合及其对国家发展的深远影响。 2. 人工智能技术发展对国家安全和国际竞争力的影响。
推荐教学方式	案例教学法、讨论教学法、互动式教学法
推荐学习方法	反思学习法、探究式学习法、对比分析法
建议学时	4学时

第一节　人工智能与国家战略的融合

 案例导入

2022 年 5 月 27 日，云从科技集团股份有限公司（下称"云从科技"）正式在上海证券交易所科创板上市，成为广州南沙首家在科创板上市的高科技企业。云从科技于 2015 年在广州南沙注册成立，是一家以人工智能技术为核心，打造高效人机协同操作系统，提供行业解决方案的高科技企业。该企业凭借自主研发的人机协同操作系统，通过对全链的 AI 技术整合能力和规模化高效的 AI 生产力的全面连接，为客户提供高效的人工智能服务。

人工智能是国家战略的重要组成部分，是未来国际竞争的焦点和经济发展的新引擎。以机器学习、自然语言处理和深度学习为三大核心技术的人工智能正以前所未有的速度影响和渗透到各行各业，不断推动制造业、交通运输业、医疗健康业、金融业、教育业等领域的重大变革与产业升级。

根据《新一代人工智能发展规划》：到 2025 年，我国人工智能基础理论实现重大突破，部分技术与应用达到世界领先水平，人工智能成为带动我国产业升级和经济转型的主要动力，智能社会建设取得积极进展；到 2030 年，我国人工智能理论、技术与应用总体达到世界领先水平，成为世界主要人工智能创新中心，智能经济、智能社会取得明显成效，为跻身创新型国家前列和经济强国奠定重要基础。

 学习任务

在线学习	自学或共学课程网络教学平台的第一章第一节资源。
小组探究	以小组为单位，结合上述案例选择下列问题中的一个展开探究。 **问题一**：人工智能是如何发展而来的？云从科技为什么可以成为科创板"AI平台第一股"？ **问题二**：人工智能在国家战略中起到怎样的作用？ **问题三**：国家在宏观层面出台了哪些人工智能政策推动人工智能产业的战略部署？
实践训练	体验一次生成式人工智能技术，分析它的功能及发展趋势。

知识探究

智能新纪元：人工智能与国家战略

一、第四次工业革命的人工智能特征与趋势

自18世纪中叶起，世界经历了三次重大的工业变革，这些变革起源于西方国家及其衍生国家，并由这些国家引领创新。第一次工业革命，即"蒸汽时代"，从农业社会向工业社会的转变被视为人类发展史上的一次巨大飞跃；紧随其后的第二次工业革命，也称为"电气时代"，电力、钢铁、铁路、化工和汽车等重工业的兴起，使石油成为新的能源来源，同时也推动了交通的飞速发展，促进了各国之间的紧密联系，逐步形成了一个全球性的国际政治经济体系；两次世界大战之后，第三次工业革命，即"信息时代"，开启了全球信息和资源的快速交换，将大多数国家和地区纳入全球化的浪潮中，进一步巩固了世界政治经济的格局，并将人类文明推向了前所未有的高度。在以科技革命为主要内容的第三次工业革命进程中，中国与西方国家的差距逐渐缩小，中国式现代化的优势逐渐凸显。我国应该争夺第四次工业革命的制高点，并努力成为第四次工业革命的领跑者[①]。

前三次工业革命引领人类社会迈入了一个前所未有的繁荣时期。然而，这种繁荣背后伴随着显著的能源和资源消耗，造成了严重的环境退化和生态破坏，加剧了人类与自然环境的紧张关系。步入21世纪，人类正面临着前所未有的全球性挑战，包括能源与资源的枯竭、生态与环境的恶化及气候变化的加剧。这些挑战催生了第四次工业革命——"绿色工业革命"，它也被称为"数字革命"或"信息革命"，它标志着生产方式的转变：从依赖自然资源的投入，转向以绿色和可持续要素为核心的生产模式，并逐渐在全社会范围内推广和应用。

在跨越两个多世纪的全球工业化与现代化进程中，我国曾遗憾地错过了三次工业革命的机遇，这使得我国的经济发展和国家综合实力在一段时间内显著低于国际先进水平。然而，得益于改革开放带来的奋力追赶，中国现已崛起为全球信息与通信技术领域的生产、消费和出口大国。在21世纪，中国与美国、法国、德国、英国、日本等国家并肩，不仅加快信息产业革命的步伐，而且积极引领和推动第四次绿色工业革命的创新。

人工智能作为第四次工业革命的重要推动力，其特征主要体现在以下几个方面。

（一）智能化与个性化生产模式兴起

随着人工智能技术的飞速发展，智能化生产模式正在成为制造业的新常态。这种模

---

① 马奔，叶紫蒙，杨悦兮.中国式现代化与第四次工业革命：风险和应对[J].山东大学学报（哲学社会科学版），2023（1）：11–19.

式通过集成先进的传感器、机器学习算法和大数据分析，实现了生产过程的自动化和智能化。智能化生产模式的兴起标志着制造业正从传统的大规模生产向灵活、高效的智能制造转型。这种模式的核心在于利用人工智能、机器学习、物联网等技术实现生产过程的自动化和智能化。例如，德国的"工业4.0"战略就是智能化生产模式的典型代表，它强调通过物联网（Internet of Things，IoT）技术实现机器与机器、机器与人之间的智能互联。宝马集团在其德国工厂中应用了机器人和自动化系统，大幅提高了生产效率和质量控制水平。

个性化生产模式则是通过定制化服务来满足消费者对独特性的追求。现在的智能算法使机器具有了自由意志与行动，机器自主学习的能力使其能够直接处理复杂问题，甚至可以理解人类自然语言、识别图像和语音，并提供准确的判断和预测，而非简单罗列搜索或计算得到的结果。例如，耐克的"NikeID"服务允许消费者在线设计自己的运动鞋，通过3D打印技术实现个性化定制。这种模式不仅提升了客户满意度，也为企业提供了一个全新的市场机会。根据麦肯锡的报告，到2030年，个性化产品和服务的市场规模预计将达到1.5万亿美元。

未来智能化生产模式

（二）服务型制造与跨界的深度融合

服务型制造是指制造业企业通过人工智能技术提供增值服务来增加产品的价值。这种模式强调产品生命周期的全过程管理，包括设计、生产、维护和回收。例如，IBM通过其Watsonx人工智能和数据平台为企业提供数据分析和决策支持服务，帮助企业提高运营效率；通用电气通过其Predix平台提供工业互联网服务，帮助客户优化设备性能，减少停机时间。根据波士顿咨询公司的研究，服务型制造可以为企业带来高达30%的额外收入。

人工智能技术还可以促进医疗与科技、金融与科技等不同领域之间深度融合。企业通过不同行业之间的技术、资源和市场整合，开发新的产品和服务。例如，苹果公司从计算机硬件制造商转型为提供软件服务和内容的科技公司，其服务业务在 2020 年的收入超过了硬件销售收入。汽车制造商特斯拉不仅生产电动汽车，还涉足太阳能产品和储能系统，形成了能源解决方案的闭环。这种融合模式推动了创新，为消费者带来了更多元化的选择。目前，跨界创新已经成为企业发展的重要驱动力。

（三）国际分工与全球价值链的重塑

随着技术进步和成本结构的变化，传统的国际分工模式正在被重新审视，全球价值链正在经历重塑。随着自动化和人工智能技术的应用，一些发达国家重新审视其在全球价值链中的位置，开始将制造业回流，以提高本土就业率，促进本土经济的发展。同时，一些发展中国家也在寻求通过技术创新提升其在全球价值链中的地位。全球价值链的重塑反映了全球经济结构的深刻变化。全球价值链的重塑也带来了新的挑战，如供应链的脆弱性和地缘政治风险。此外，贸易保护主义的抬头也对全球价值链造成了影响。世界银行等机构的数据测算显示，美国和德国的全球价值链参与度分别由 2010 年的 62.0 和 108.8 降至 2020 年的 52.3 和 94.0，这反映了全球贸易模式的复杂变化。

（四）数据驱动决策与伦理法律挑战

在第四次工业革命中，数据成为企业决策的关键资源。在数据驱动决策模式中，通过收集和分析大量数据，企业能够更准确地预测市场趋势，优化生产计划，提高运营效率。这种模式依赖于先进的数据处理技术和算法，能够提供深入的市场洞察和预测。例如，Netflix 通过分析用户的观看历史和偏好，推荐个性化的电影和电视节目，从而吸引了大量订阅用户；亚马逊利用大数据分析来预测消费者的购买行为，实现库存管理的优化。根据麦肯锡的报告，数据驱动决策可以使企业收入提高 10% ～ 20%。

然而，数据驱动决策也带来了伦理和法律挑战。数据隐私、数据安全和数据滥用等问题日益凸显，如 Facebook 的数据泄露事件引发了公众对个人信息保护的广泛关注。同时，算法偏见和人工智能的决策透明度也成为亟待解决的问题。各国政府和国际组织正在制定相关法规，以确保数据的合理使用和对个人隐私权的保护，如欧盟的《通用数据保护条例》。企业需要建立相应的伦理框架和治理机制，以确保数据驱动决策的公平性和责任性。

二、人工智能在国家战略中的地位和作用

（一）人工智能在国家经济发展战略中的贡献

1. 提升生产效率与竞争力

人工智能通过提升生产流程的自动化和智能化水平，显著提升了生产效率。在海尔

中央空调互联工厂中，通过引入 5G+AR 技术，实现了生产流程的显著优化。这项技术允许生产线工人在遇到设备故障时，通过佩戴 AR 眼镜，实时连接远程技术专家。专家可以通过眼镜端采集的视频，为工人提供实时的故障诊断和维修指导，从而减少停机时间和维修成本。在汽车制造业，人工智能驱动的自动化系统不仅提高了装配线的效率，还减少了人为错误，从而降低了成本，提高了产品质量。此外，人工智能在供应链管理中的应用，如预测性维护和需求预测，也帮助企业优化资源配置，减少库存成本。

2. 促进新兴产业发展

人工智能的发展催生了一系列新兴产业，如自动驾驶、智能医疗、金融科技等。在自动驾驶领域，美国 Waymo 公司在 2021 年宣布其自动驾驶出租车服务 Waymo One 在凤凰城地区实现了完全无人驾驶。这一技术的发展不仅改变了交通出行方式，还为相关产业链带来了新的增长点。在智能医疗领域，谷歌旗下 DeepMind 公司的 AlphaFold 在蛋白质结构预测方面取得了重大突破，这将对药物研发和疾病治疗产生深远影响。

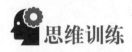

思维训练

当前，人工智能技术已被广泛应用于金融、医疗、交通、制造等领域，对经济社会发展和人类文明进步产生深远影响，给世界带来巨大机遇。人工智能很可能在不久的将来深刻改变现有国家安全格局。

【想一想】人工智能在国家安全中是不是一种不可或缺的工具？

（二）人工智能在国家安全战略中的关键角色

1. 国防与军事智能化

人工智能在国防和军事领域的应用正在改变战争的面貌。无人机和无人作战系统的发展，如中国的"翼龙"系列无人机，不仅提高了侦查和打击能力，还减少了人员伤亡。此外，人工智能在情报分析和决策支持系统中的应用，提高了军事行动的准确性和效率。

2. 网络安全与防御体系

随着网络攻击的日益复杂，人工智能在网络安全领域的应用变得至关重要。人工智能赋能网络攻防、开源情报等国家安全相关领域，是筑牢国家安全屏障的有力抓手。人工智能驱动的安全系统能够通过学习模式识别异常行为，提前发现潜在的网络攻击，从而保护关键基础设施免受破坏。

（三）人工智能在国家创新战略中的核心地位

1. 创新驱动发展的核心

人工智能被视为推动经济发展和社会进步的关键技术。根据麦肯锡的报告，到2030年，人工智能将为全球经济额外贡献13万亿美元。人工智能在医疗、教育、交通等领域的应用，不仅提高了服务质量，还创造了新的就业机会。此外，人工智能在科学研究中的应用，如在材料科学和生物医学研究中的应用，将加速科学发现的过程。

2. 科技前沿领域的突破

人工智能在科技前沿领域的突破正不断拓展人类知识的边界。例如，OpenAI的GPT-3模型在自然语言处理领域取得了重大进展，能够生成连贯、有逻辑的文本，这在文本创作、翻译和教育等领域具有广泛的应用前景。在量子计算领域，谷歌的量子计算机Sycamore在2019年实现了"量子霸权"，展示了人工智能在解决复杂问题上的潜力。

人工智能在国家战略中具有重要的地位和作用，它不仅提升了国家经济竞争力，还在国家安全和科技创新中发挥着核心作用。随着技术的不断进步，人工智能将在国家发展中扮演更加重要的角色。

 智慧锦囊

> 推动战略性新兴产业融合集群发展，构建新一代信息技术、人工智能、生物技术、新能源、新材料、高端装备、绿色环保等一批新的增长引擎。
>
> ——党的二十大报告

三、国家层面的人工智能政策制定与战略部署

国家层面的人工智能政策制定与战略部署是推动人工智能技术发展和应用的关键。这通常包括对人工智能技术发展的政策框架和目标设定，资源配置与资金支持，以及国际合作与竞争策略。

（一）政策框架与目标设定

政策框架与目标设定是为了引导和规范人工智能的发展，确保其符合国家长远利益和社会发展需求。政策框架一般包含对AI伦理、数据安全、知识产权等方面的规范，以确保AI技术的健康发展。美国在2019年发布的《人工智能研究和开发战略规划》中明确了5个关键领域：人工智能的长期投资、数据和计算资源的可用性、技术标准和测试平台、隐私和安全，以及AI的伦理和社会影响。这一规划旨在确保美国在AI领域

的领导地位，并促进 AI 技术的负责任使用。欧盟在 2020 年发布了《人工智能白皮书》，提出基于人权和民主价值观的 AI 发展框架，强调了透明度、可解释性和责任性。这一发展框架反映了欧盟在推动 AI 技术发展的同时，对伦理和法律问题的高度重视。我国早在 2017 年就发布了《新一代人工智能发展规划》，明确了到 2030 年成为世界主要人工智能创新中心的目标。这一规划强调了 AI 在经济、社会、国防等领域的广泛应用，以及促进 AI 与实体经济深度融合的重要性。

（二）资源配置与资金支持

资源配置与资金支持是推动 AI 技术发展的重要手段。为了实现人工智能技术的快速发展，国家通常会在资源配置和资金支持上给予重点倾斜，具体包括建立国家级的 AI 研究中心、实验室，以及提供研发资金、税收优惠等激励措施。美国在 2019 年通过《人工智能倡议法案》，提出在五年内投入 22 亿美元用于 AI 的研究和开发。美国国防部的"人工智能国家安全委员会"建议，美国应将 AI 研发的投资增加到每年 20 亿美元，以保证其在 AI 领域的全球领导地位。同时，美国还通过"小企业创新研究计划"等项目为小型企业提供研发资金支持。我国政府在《新一代人工智能发展规划》中提出，将加大对 AI 领域的财政投入，支持 AI 基础研究和关键技术研发。我国还设立了多个国家级 AI 创新中心，如北京国家新一代人工智能创新发展试验区，旨在集聚国内外顶尖 AI 人才和资源，推动 AI 技术的创新和产业化。此外，很多国家还会通过公共采购、政府项目等方式为 AI 企业提供市场机会。例如，我国政府在智慧城市、智能交通等领域大力推广 AI 技术应用，为相关企业提供了广阔的市场空间。

（三）国际合作与竞争策略

在全球化背景下，各国不仅提升本国 AI 技术的竞争力，还积极在国际舞台上寻求合作与交流。在竞争策略上，各国会通过政策引导和市场机制，鼓励国内企业在 AI 核心技术上取得突破。2020 年 12 月，德国发布了《人工智能国家战略：2020 进阶版》，提出继续增加财政投入，打造人工智能核心发展领域[①]。我国政府支持和鼓励国内企业加强自主创新，提升核心技术的自主研发能力，提高企业的技术水平和国际影响力。华为在 AI 芯片领域的研发投入巨大，推出了具有自主知识产权的昇腾系列 AI 处理器，这不仅提升了华为在全球 AI 市场的竞争力，也为我国 AI 产业的自主可控发展提供了有力支撑。在国际合作方面，我国积极参与全球 AI 治理，推动建立公平、开放、包容的国际合作环境。我国与俄罗斯、欧盟等国家和地区在 AI 领域开展了多项合作，包括联合研究、技术交流和人才培养。这些合作有助于我国在 AI 技术研发和应用方面取得新的突破。我国还积极参与并推动 AI 技术的国际标准化进程，与其他国家在 AI 教育、

---

① 巫锐，陈正．德国高校助推人工智能国家战略：目标使命与行动举措 [J]．高校教育管理，2023（5）：90.

科研等领域开展合作，共同推动 AI 技术的全球发展。

延伸学习

2023 年 12 月 14 日，央视网发布消息，我国生成式人工智能市场规模将突破 10 万亿元。生成式人工智能正在加速渗透制造业、零售业、电信行业和医疗健康等四大行业。数据显示，2023 年，我国生成式人工智能的企业采用率已达 15%，市场规模约为 14.4 万亿元。在制造业、零售业、电信行业和医疗健康等四大行业的生成式人工智能技术的采用率均取得较快增长。2023 年，我国计算力水平位居全球第二，新增算力设施中智能算力占比过半，预计 2025 年人工智能算力占比将超 35%。智能产业链呈现产业链条长、生态集聚效应不断增强的特点，有望带动人工智能相关产业增长达到 40 倍左右，推动产业从数字化向智能化升级。

随着生成式人工智能市场规模的迅速增长，我国出台了相应的政策和监管措施，以确保技术在制造业、零售业、电信行业和医疗健康等四大行业中应用的合规性，同时保障市场的健康发展。

第二节 人工智能对产业与就业的深远影响

案例分析

阿里巴巴旗下的阿里健康（Ali Health）与北京万利云医疗合作推出云平台，连接基层医院、患者和医疗专业人士，利用内置名为"Doctor You"的 AI 系统进行临床诊断和培训。阿里健康的大数据平台是其升级现有医疗运营的关键，通过这个平台，医生可以更高效地工作，减少误诊率。阿里健康计划通过大数据和互联网构建医疗健康行业生态系统，包括服务、医疗电子商务、个人健康管理和保险等。

2022 年 8 月，科技部印发的《科技部关于支持建设新一代人工智能示范应用场景的通知》中提到，要"针对常见病、慢性病、多发病等诊疗需求，基于医疗领域数据库知识库的规模化构建、大规模医疗人工智能模型训练等智能医疗基础设施，运用人工智能可循证诊疗决策医疗关键技术，建立人工智能赋能医疗服务新模式。"

2023 年 7 月，第六届世界人工智能大会在上海召开，全球知名医疗设备器械企业GE 医疗带来第三方市场调研报告，该报告显示：全球多国医疗行业从业者存在职业倦怠，61% 的临床医生认为人工智能可以支持临床决策，66% 的中国医生认可人工智能可以用于医疗领域，在调研国家中居首位。全球医生和患者均呼吁应建立更人性化、更充满关爱的服务体系，满足更多医疗需求。

2023 世界人工智能大会在上海召开

🎯 学习任务

在线学习	自学或共学课程网络教学平台的第一章第二节资源。
小组探究	以小组为单位，结合上述案例选择下列问题中的一个展开探究。 **问题一：** 人工智能为产业变革带来了哪些机遇与挑战？ **问题二：** 如何看待人工智能对部分就业岗位的冲击？ **问题三：** 基于人工智能的深远影响，劳动力市场结构如何调整和升级？
实践训练	下载一款人工智能语音助手软件，体验人工智能语音识别技术。

知识探究

独角兽企业的"头雁效应"：
AI 推动经济社会转型升级

一、人工智能对产业变革的驱动与挑战

（一）产业结构的优化与升级

人工智能作为第四次工业革命的核心驱动力，促进产业向智能化、自动化方向演进，并在全球范围内推动产业结构的优化与升级。制造业是 AI 技术应用最为广泛的领域之一。通过引入智能制造系统，企业能够实现生产过程的自动化和智能化，提高生产效率和产品质量。例如，宝马集团的"工业 4.0"项目利用 AI 技术实现了生产线的智能化，减少了生产过程中的浪费，提升了生产效率。2021 年，工信部等八部门发布的

《"十四五"智能制造发展规划》提出：到 2025 年，规模以上制造企业大部分实现数字化网络化，重点行业骨干企业初步应用智能化；到 2035 年，规模以上制造业企业全面普及数字化网络化，重点行业骨干企业基本实现智能化。这一政策的实施有助于推动制造业向智能化、绿色化和服务化转型，提高产业的整体竞争力。根据麦肯锡的报告，到 2030 年，AI 将为全球经济额外贡献 13 万亿美元，这主要来自 AI 在提高生产效率、降低成本、创新产品和服务等方面的应用。

自动焊接机器人

（二）传统行业的转型与创新

AI 技术的应用为传统行业带来了转型与创新的机遇。在金融领域，AI 通过大数据分析和机器学习技术，提高了风险管理的效率和准确性。2021 年，汇丰银行（HSBC）宣布，其 AI 驱动的数字化平台 "HSBC Fusion" 已经处理超过 1000 万笔交易，不仅提高了处理速度，还降低了错误率，显著提升了客户服务体验。在客服领域，人工客服呈现日益减少的趋势，这是人工智能替代效应的体现，但同时，原人工客服面临着提升技能的需要，他们将被要求更为专注于涉及判断力、直觉、情感、同理心和人际关系技巧的工作任务。

（三）新兴产业的兴起与成长

AI 技术的快速发展催生了一系列新兴产业，如自动驾驶、智能医疗、金融科技等。在自动驾驶领域，AI 技术的应用不仅改变了交通出行方式，还为相关产业链带来了新的增长点。在智能医疗领域，人工智能辅助诊断系统为药物研发和疾病治疗提供了新的可能，也为医疗行业带来了新的增长点。

由此可见，人工智能在推动产业变革、优化产业结构、促进传统行业转型与创新及催生新兴产业方面发挥着重要作用。随着人工智能技术的不断进步和应用的日益深入，其在促进全球经济发展中将扮演更加重要的角色。

思维训练

据《纽约时报》报道，由美国普林斯顿大学、宾夕法尼亚大学及纽约大学的研究人员共同进行的一项研究显示：最易受新一代人工智能影响的领域很可能是法律行业。相较于人类律师，法律 AI 可以全天候提供在线法律咨询服务，只要有大数据技术的支持就能成为法律服务领域强大的"全科医生"。

但法律 AI 的发展也面临着不少问题与挑战，比如算法不透明也许会让法律 AI 成为一个无法进行严谨科学评价和严格监管规范的"黑匣子"；又比如法律 AI 成长所需的海量数据资源是否会带来数据安全问题；再比如法律 AI 未必能识别出学习数据中隐藏的"偏见"，"照单全收"后容易产生不良后果。

【辩一辩】：法律 AI 的发展是利大于弊还是弊大于利？

二、人工智能对就业岗位的替代与创造

（一）岗位结构的调整与变化

随着人工智能技术的快速发展，传统的岗位结构正在发生显著的调整与变化。根据麦肯锡的报告，到 2030 年，全球约有 8000 万个工作岗位将被自动化技术所替代，同时也会创造约 9000 万个新的工作岗位。这一变化反映了技术进步对劳动力市场的深刻影响。

人工智能及控制设备在生产中的应用，对劳动者就业具有替代效应[1]。在制造业领域，自动化和机器人技术的应用已经减少了对低技能劳动力的需求。根据国际机器人联合会的数据，制造业对机器人和自动化系统的需求正在增加，从而减少了对传统生产线工人的依赖。人工智能技术的发展也催生了对高技能劳动力的需求。例如，机器学习工程师、数据科学家等新兴职业正在成为市场需求的热点。根据 LinkedIn 的《2021 年新兴职业报告》，数据科学家和机器学习工程师是需求增长最快的职业之一。

（二）新职业的产生与需求

人工智能在替代了一些旧的岗位的同时，也创造了许多全新的职业。这些新职业往往需要高度专业化的技能和知识。例如，随着自动驾驶技术的发展，出现了自动驾驶系

[1] 孙望书，孙旭.人工智能将会"抢走"谁的工作——异质劳动者的就业替代风险研究 [J].河北经贸大学学报，2024（1）：72.

统工程师这一新职业。根据 Waymo 的数据，其自动驾驶车队的规模在 2021 年已经达到了 1000 辆，这表明对自动驾驶相关职业的人力需求将持续增长。

此外，人工智能在医疗、金融等领域的应用，也催生了如 AI 医疗顾问、AI 金融分析师等新职业。这些职业不仅要求从业者具备相关领域的专业知识，还需要他们对人工智能技术有深入的了解。

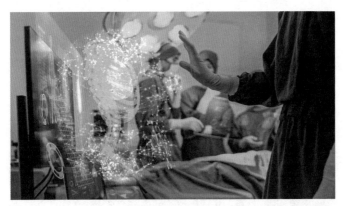

未来的医疗保健技术

（三）职业培训与教育体系的变革

为了适应人工智能带来的就业市场变化，职业培训与教育体系也必须进行相应的变革。教育机构和企业应提供对人工智能、机器学习、数据分析等技能的培训。例如，许多大学和职业培训学校已经开设了人工智能相关的课程和专业，以满足市场对这类技能人才的需求。

如今，终身学习的概念日益受到人们的重视。随着社会的不断进步，劳动者需要持续更新自己的技能以适应新的工作岗位。在线教育平台如 Coursera、Udacity 等提供了大量与人工智能相关的课程，使得在职人员能够灵活地安排学习计划，进行技能提升。

政府和行业组织也在通过职业培训项目帮助劳动者转型。例如，德国的"工业 4.0"战略就包括对工人进行数字化技能培训的计划，以确保他们能够在智能制造环境中工作。

综上所述，人工智能对就业岗位的影响是复杂且多面的，它既带来了挑战，也创造了新的机遇。为了应对这些变化，各方都需要采取积极的措施，以确保劳动力能够适应未来就业市场的需求。

 智慧锦囊

著名物理学家斯蒂芬·霍金曾在 2017 年的全球移动互联网大会上通过视频发表题为《让人工智能造福人类及其赖以生存的家园》的主题演讲。霍金讨论了人工智能的潜在影响，他指出 AI 的发展可能是人类历史上最好的事情，也可能是最糟糕的事情，甚至可能是人类文明的终结。霍金在演讲中提到了 AI 的快速发展及其对社会的潜在影响，包括工作替代、隐私问题及 AI 系统可能失控的风险。他还提到了与企业家埃隆·马斯克等人共同签署的关于人工智能的公开信，呼吁对 AI 的社会影响进行深入研究，并关注 AI 安全问题。

霍金通过视频发表题为《让人工智能造福人类及其赖以生存的家园》的主题演讲

三、人工智能对劳动力市场结构的重塑与适应

（一）劳动力技能的转型与升级

人工智能的广泛应用正在推动劳动力技能的转型与升级。根据世界经济论坛发布的《2023 未来就业报告》，在接下来的 5 年（2023–2027 年），全球劳动力市场将经历显著变革，全球企业预计创造约 6900 万个新的工作岗位，与此同时，由于技术进步、自动化及产业结构调整等因素影响，8300 万个工作岗位或将被淘汰。这一变化要求劳动者必须掌握新的技能，以适应不断变化的就业环境。

例如，随着 AI 在数据分析、机器学习和自动化流程中的应用，对数据科学家和机器学习工程师的需求急剧上升。为了满足这一需求，教育机构和企业需要加强相关领域的培训，如提供在线课程、工作坊和认证项目。

此外，AI 技术的发展也对非技术性技能提出了新的要求，如创造力、批判性思维和情感智能。这些技能在 AI 难以替代的领域尤为重要，如客户服务、教育和医疗保健等。

（二）就业市场的动态平衡

人工智能对就业市场的影响是双重的：一方面，它通过自动化减少了对某些岗位的需求；另一方面，它创造了新的就业机会。这种动态平衡要求劳动力市场能够灵活适应技术变革。例如，随着电子商务和远程工作的兴起，对数字营销专家、网络安全分析师和远程工作协调员的需求不断增加。

各国政府和国际组织在促进劳动力市场平衡方面发挥着关键作用。例如，德国政府推出了"工业4.0"战略，旨在通过提供培训和教育，帮助工人适应新的技术环境。欧盟的"新技能议程"强调终身学习的重要性，以确保劳动者能够跟上技术发展的步伐。

（三）社会保障体系的调整与完善

随着人工智能对劳动力市场的影响日益显著，社会保障体系也需要进行相应的调整和完善。这包括提供失业保险、再培训计划和职业转型支持等措施，以帮助那些因技术变革而失业的工人。例如，美国政府在2021年通过了《美国救援计划》，其中包括为失业工人提供额外的失业救济金，以及为职业培训和教育提供资金支持。这些措施旨在减轻自动化对就业的短期冲击，帮助劳动者获得新的就业机会。

此外，一些国家正在探索新的社会保障模式，如基本收入保障，以应对未来可能出现的大规模自动化和就业结构变化。例如，芬兰在2017年至2018年间进行了一项基本收入实验，尽管实验结果复杂，但它为全球社会保障体系的改革提供了宝贵的经验。

综上所述，人工智能对劳动力市场结构的影响极其深远。各国政府、教育机构和企业需要共同努力，以确保劳动力能够适应这一变革，同时保护那些可能受到负面影响的工人。

延伸学习

书籍推荐：

《人工智能：国家人工智能战略行动抓手》一书由腾讯研究院、中国信息通信研究院互联网法律研究中心、腾讯 AI Lab、腾讯开放平台等机构联合编写，于2017年由中国人民大学出版社出版。该书深入探讨了人工智能技术的发展及其在国家战略中的地位和作用。书中不仅分析了人工智能技术的发展趋势，还讨论了如何将人工智能技术融入国家战略，以及如何通过政策和行动来推动人工智能产业的发展。

政策导读：

1.《中国新一代人工智能科技产业发展2023》

该报告由中国工程院中国新一代人工智能发展战略研究院刘刚教授发布，主题聚焦于如何在中国建设具有全球竞争力的人工智能产业集群。该报告详细分析了中国在人工智能科技创新和产业发展方面的成就，探讨了如何构建自主可控的技术体系和产业创新生态，以及如何加速人工智能技术升级和产业发展。

2.《人工智能白皮书（2022年）》

该白皮书由中国信息通信研究院发布，全面回顾了2021年以来全球人工智能在政策、技术、应用和治理等方面的动向，重点分析了人工智能所面临的新发展形势及其所处的新发展阶段。它为各界提供了关于人工智能发展态势的参考，旨在推动人工智能的持续健康发展。该白皮书涵盖人工智能的战略地位、技术发展、应用案例及治理挑战等内容。

第三节 人工智能素养与社会适应

 ## 案例导入

为深入贯彻落实国务院《新一代人工智能发展规划》和《全民科学素质行动规划纲要（2021—2035年）》等重大战略决策，引导中小学人工智能课程科学规范合理设计与实施，提升学生对人工智能的整体认知和应用水平，推进青少年人工智能后备人才培养，打造具有中国特色的青少年人工智能基础人才培养体系，2021年8月8日，在中国自动化学会指导下，由中国自动化学会智慧教育专业委员会和普及工作委员会联合主办的"青少年人工智能核心素养模型及测评框架"专家论证会以线上形式召开。同年11月，中国自动化学会、中国科学院大学人工智能学院共同发布《青少年人工智能核心素养测评大纲与说明》。

2021年11月28日，来自全国各地的40所学校和近200家校外机构组织共计数千名中小学生同时参加了"青少年人工智能核心素养测评"（Artificial Intelligence Competencies Evaluation，AICE）首期测评。截止到2024年1月，参测学生来源已经覆盖全国所有省级行政区。

培养青少年人工智能素养

教育关系着国家和民族的未来，而青少年人工智能教育的重要性日益凸显。AICE测评联合优秀研发单位、院校、社会企业共同参与，有助于提高青少年的人工智能素养，推动人工智能在基础教育阶段的规范发展，为国家选拔适应未来的优秀 AI 技术储备人才，开辟人工智能普及新路径。

 学习任务

在线学习	自学或共学课程网络教学平台的第一章第三节资源。
小组探究	以小组为单位，结合上述案例选择下列问题中的一个展开探究。 **问题一：** "青少年人工智能核心素养测评"为什么吸引了大量学生参与？人工智能素养包括哪些方面？ **问题二：** 人工智能素养对于个人和社会发展起到怎样的作用？ **问题三：** 如何培养人工智能素养？
实践训练	模拟记者采访市民：你认为人工智能素养包括哪些方面？如何培养？

 知识探究

一、人工智能素养的内涵与价值

（一）人工智能素养的定义与构成

人工智能素养是指个人对人工智能技术的理解、应用和批判性思考的能力。国内外学者对于人工智能素养的定义众说纷纭。国外学者侧重于从计算机科学角度开发素养框架并给出设计教学时应考虑的因素，以支持教育者更好地实施指向人工智能素养的教学。国内研究者侧重于从三维目标出发，结合具体特征构建人工智能素养框架[1]。根据 2021 年的《人工智能伦理与治理框架》报告，人工智能素养应包括对 AI 技术可能带来的偏见、隐私侵犯和就业影响等问题的意识。人工智能素养不是关于人工智能的专业素养，而是随着人工智能社会的到来，每一位公民所应具备的、与读写算一样重要的素养[2]。因此，人工智能素养由人工智能知识、人工智能情感、人工智能思维三个维度构成。

---

[1] 杨鸿武，张笛，郭威彤.STEM 背景下人工智能素养框架的研究 [J].电化教育研究，2022（4）：27.

[2] 钟柏昌，刘晓凡，杨明欢.何谓人工智能素养：本质、构成与评价体系 [J].华东师范大学学报（教育科学版），2024（1）：71.

（二）人工智能素养在智能社会中的重要性

在智能社会中，人工智能素养被视为新时代公民的基本技能之一。它不仅能够帮助个体在职场上保持竞争力，还能促进个人在社会中的全面参与和发展。例如，具备人工智能素养的个体能够更好地利用 AI 工具提高工作效率，参与到 AI 驱动的创新项目中，甚至在 AI 政策制定中发表有见地的意见。根据 2021 年世界经济论坛上发布的报告，AI 素养被认为是未来工作市场的关键技能之一，预计到 2025 年，全球将有超过一半的工作岗位需要具备与 AI 相关的技能。

二、人工智能素养与社会责任的承担

（一）促进个体全面发展

人工智能素养的提升可以提高个体的创新能力和问题解决能力。通过学习 AI 技术，学生和工作者能够开发新的解决方案来应对复杂的现实问题。此外，人工智能素养还有助于个体在面对技术发展带来的伦理和社会挑战时，做出更加明智和负责任的决策。这些都有利于促进个体的全面发展。

思维训练

2023 年 11 月 12 日，一场专注于人工智能模型训练与优化的专业技能竞赛在广州圆满落幕。此次竞赛依据《人工智能训练师国家职业技能标准（2021 年版）》展开，旨在选拔和培养具备数据库管理、算法参数设置、人机交互设计、性能测试跟踪等专业技能的人工智能训练师。这些训练师在人工智能产品的实际应用过程中扮演着至关重要的角色，他们负责通过智能训练软件对 AI 模型进行训练和优化，以提升其性能和实用性。

【议一议】未来，人工智能训练与优化技能有可能成为每个人必备的基本能力。你认为，人类应该培养怎样的人工智能素养以更好地训练人工智能服务于人类？

（二）应对职业伦理挑战

人工智能素养的培养能帮助个体更好地理解和应对技术发展所带来的伦理和社会挑战。随着 AI 技术的广泛应用，职业伦理问题日益凸显。具备人工智能素养的个体能够更好地理解 AI 技术的潜在风险，如算法偏见、隐私侵犯等，并在实践中遵循伦理原则，确保技术的负责任使用。

（三）推动社会治理创新

具备人工智能素养的个体能够在智能社会中更积极地参与到社会治理和决策过程中。他们可以利用 AI 技术来分析社会问题，提出基于数据的解决方案，并参与到公共政策的制定中，从而促进社会公平和正义。

 智慧锦囊

> 真正的问题并不是智能机器能否产生情感，而是机器是否能够在没有情感基础的前提下产生智能。
>
> ——马文·明斯基

三、人工智能素养的教育与培养

面对人工智能对教育的深度介入，高校应秉持技术常识主义，理性面对人工智能的颠覆性影响，深入了解其特点、优势和局限性，并促进人工智能技术在日常教学场景中的应用，让人工智能在人机互动互嵌下实现信息属性和人文属性的融合，进而释放更大的价值。相反，如果一味地在深奥的技术理论世界讨论人工智能，则可能陷入技术神秘主义[1]。这不仅会阻碍人对技术的反思，也不利于教育的根本性变革。随着技术的发展，教育体系必须不断更新，将人工智能素养作为核心教育内容以适应新的学习需求。

（一）教育体系的融入策略

教育体系的融入策略对于确保人工智能素养成为学生必备技能之一至关重要。这一策略不仅涉及在基础教育阶段引入 AI 的基本概念，如编程逻辑和算法思维，还包括在高等教育阶段提供更深入的 AI 课程，如麻省理工学院的"人工智能导论"课程就是此类教育实践的典范。

在西方发达国家和地区，计算机科学和编程课程正逐渐被纳入中小学教育体系。美国的"全民计算机科学教育"倡议和欧盟的"数字技能和就业倡议"都是具体体现，它们强调提升国民的数字技能，包括人工智能素养。这些举措旨在确保学生能够适应技术驱动的未来就业市场。

在中国，教育部门也在积极推动人工智能教育的普及。2017 年发布的《新一代人工智能发展规划》，着重布局了人工智能人才培养体系。浙江等省份已经开始在高中阶段开设人工智能课程。这些举措旨在培养学生的创新能力和跨学科思维，为他们的未来发展

---

① 巫锐，陈正．德国高校助推人工智能国家战略：目标使命与行动举措 [J]．高校教育管理，2023（5）：90.

打下坚实的基础。2018 年，教育部推出《高等学校人工智能创新行动计划》，该计划致力于激励高等教育机构深化改革并增强创新能力，以确保我国在人工智能领域的科技人才储备，助力国家在全球人工智能科技竞争中占据领先地位。2024 年 1 月 29 日至 31 日，教育部与中国联合国教科文组织全国委员会、上海市人民政府在上海共同举办了 2024 年世界数字教育大会。大会的主题为"数字教育：应用、共享、创新"，旨在探讨数字技术在教育领域的应用，以及如何通过数字化转型推动教育的包容性和公平性，实现联合国可持续发展目标。会议围绕多个议题展开深入讨论，包括教师数字素养与胜任力提升、教育数字化与学习型社会建设、数字教育评价、人工智能与数字伦理、数字变革对基础教育的挑战与机遇，以及教育治理数字化与数字教育治理等。

通过这些举措，教育体系正在逐步构建起一个能够支持学生在智能社会中成功的关键技能框架。

推进人工智能教育体系构建

（二）技能持续发展的路径

随着人工智能技术的迅猛发展，持续提升技能已成为教育体系的关键任务。这要求教育机构能够提供灵活多样的终身学习途径，如在线课程、工作坊和实践活动，以适应不断变化的就业需求。例如，Coursera 和 edX 等国际知名的在线学习平台提供了丰富的 AI 相关课程，学习者可以根据自己的时间和兴趣选择学习内容。

在美国，谷歌和微软通过其在线学习平台 Google AI Hub 和 Microsoft Learn，提供 AI 相关的课程和认证，以支持员工的技能更新。美国的"TechHire"计划则通过公私合作模式为工人提供快速培训，帮助他们适应技术驱动的就业市场。

在中国，政府通过"互联网+"行动计划，鼓励在线教育平台的发展，如网易云课堂、腾讯课堂等，这些平台提供了多样化的 AI 相关课程。同时，中国的职业培训体系也在逐步完善，为在职人员提供 AI 技能培训，以提升其在智能社会中的竞争力。

通过这些措施，教育体系正努力适应 AI 时代的挑战，确保个人和组织能够持续发展和创新。

（三）跨学科教育模式的探索

跨学科教育模式，特别是 STEM（科学、技术、工程、数学）教育和创客教育，对于培养人工智能素养具有重要意义。德国的人工智能国家战略将"培养和吸纳人工智能专业人才"作为重要目标，该战略要求高校通过设置人工智能课程和学位，提升大学生的人工智能素养，并结合联邦政府的"STEM 行动计划"，激发年轻人对 STEM 专业及相关职业的兴趣。跨学科教育模式鼓励学生将人工智能技术与其他学科相结合，从而激发创新思维和提升实践能力。项目式学习是一个典型应用，它让学生在解决实际问题的过程中学习和应用 AI 技术，不仅提升了学生的技术技能，还培养了他们团队合作和问题解决的能力。

在跨学科教育实践中，美国麻省理工学院的 Media Lab 是一个杰出的代表，它推动学生和研究人员在艺术、科学、技术和设计等多个领域进行交叉合作，以实现创新。在中国，清华大学等高校也在积极推进跨学科的 AI 教育，通过建立人工智能学院，整合计算机科学、数学、物理等多个学科资源，培养学生的创新能力和跨学科思维，为智能社会的发展贡献人才。

通过这些教育实践，学生能够更好地理解和应用 AI 技术，为未来的职业发展做好准备。

延伸学习

推荐影片：

电影《人工智能》是一部由史蒂文·斯皮尔伯格执导的科幻电影。影片设定在 21 世纪中期，彼时人工智能技术已经能够创造出高度仿真的机器人。故事的主角是一个名叫大卫的高级机器人小孩，他被设计成能够体验和表达爱。大卫被一对夫妇亨利和莫妮卡领养，他们的儿子马丁因病长期住院，夫妇俩希望通过大卫来缓解莫妮卡的抑郁。然而，当马丁奇迹般地康复回家，大卫的存在变得尴尬，他开始面临被遗弃的命运。大卫对莫妮卡的爱是无条件的，但他的机器人身份使他无法获得人类的完全接纳。在被遗弃后，大卫踏上了一段寻找自我和探索人类情感的旅程，他渴望成为真正的人类，以获得莫妮卡的爱。

影片深入探讨了人工智能与人类情感的关系，以及在高度发达的科技社会中，人类如何定义自我、爱与人性。《人工智能》不仅是对未来科技的一次大胆想象，也是对人类道德和情感的深刻反思。

 课后拓展

1. 利用生成式人工智能技术，以小组为单位，为中国 23 个省、5 个自治区、4 个直辖市、2 个特别行政区各设计一句旅游宣传语。

2. 以小组为单位，使用人工智能视频生成软件，制作一个以弘扬中华优秀传统文化为主题的视频。

3. 以小组为单位，选择一款人工智能语音助手软件，如天猫精灵、小爱同学、小度音箱等，撰写一份人工智能语音识别技术使用体验报告。

 课后思考

1. 人工智能如何助力各行业的创新发展？

2. 根据人工智能训练师国家职业技能标准（2021 年版）的定义，人工智能训练师是指"使用智能训练软件，在人工智能产品实际使用过程中进行数据库管理、算法参数设置、人机交互设计、性能测试跟踪及其他辅助作业的人员"。请问，当"人工智能体"越来越表现出拥有与人类一样或相似的情感和自主性时，人类该如何处理与机器人的关系？

 课后测验

交互式测验：第一章第一节

交互式测验：第一章第二节

交互式测验：第一章第三节

第二章

蔚蓝革命：
人工智能的前世今生

智慧校园：高效的管理还是自由的限制？

最近，苏菲的父母在为她择校的问题上产生了很大的分歧。

苏菲的爸爸看上了一所 AI 智慧校园，认为这所学校很智能，有利于家长和老师更好地掌握孩子的学习情况，"有这样的高科技加持，我再也不用担心孩子成为脱缰的野马了！"据了解，这所学校引入了一套"智慧行为课堂管理系统"，通过安装在教室里的组合摄像头，收集学生的课堂表现，包括阅读、书写、听讲、起立、举手和趴桌子 6 种行为，以及害怕、高兴、反感、难过、惊讶、愤怒和中性等数种表情，再通过大数据分析，计算课堂实时考勤、行为记录等数据，以此来考评课堂效果。

苏菲的妈妈却持相反意见，她认为，孩子在这样的监视下会失去隐私和自由，须处处小心自己的行为，压抑真实情感，不利于苏菲的学习与成长。自家孩子是什么情况、上课能否专心，家长应该是心中有数的，没必要通过看视频来了解。"我好好完成我的工作，孩子好好学习，大家各自干自己该干的事儿。如果我哪天对孩子说，上午看到她上课不专心了，保不准孩子会反过来说我上班光顾着看视频监控她，这也是工作不专心的表现，到时我还真是无话可说，除了给孩子做了个坏榜样，没有任何实际帮助。"苏菲的妈妈说。

你对苏菲的择校有什么看法呢？人工智能在我们的生活中还有哪些应用场景？它的底层技术构成是什么？它是如何渗透进我们的生活的？它给我们带来的到底是高效的管理还是自由的限制？

 学习目标

知识目标	能力目标	素养目标
1.掌握人工智能的相关概念，以及人工智能的发展历程、产业现状。 2.掌握人工智能在应用场景、价值产出、社会变革效应等方面的应用价值。 3.了解人工智能技术的最新发展情况，包括新的传感器、算法和交互技术等。	1.能够理解常见的人工智能算法的基本概念，包括机器学习和深度学习模型。 2.能够将实际问题抽象为可解决的人工智能问题，具备判断人工智能技术价值的能力。 3.能够描述人工智能常见的应用场景及社会价值。	1.培养创新素养，理解跨学科研究的重要性，培养创新思维和解决实际问题的能力。 2.形成历史意识，对人工智能发展的里程碑事件和关键人物有一定的认识。 3.树立自主学习的目标，能够追踪人工智能前沿技术和最新伦理标准，保持对行业动态的敏感性。

 学习导航

学习重点	1. 人工智能的定义。 2. 人工智能的发展历程。 3. 人工智能的技术构成和基本原理。 4. 人工智能技术在各类场景下的应用实例。
学习难点	1. 人工智能技术的核心要素、原理。 2. 人工智能技术在应用场景中的局限性。 3. 人工智能技术未来的趋势走向。
推荐教学方式	案例教学法、讨论教学法、互动式教学法
推荐学习方法	探究式学习法、辩论式学习法、反思学习法
建议学时	4学时

第一节　人工智能的发展历程

 案例导入

2023 年 4 月 25 日，腾讯云智能小样本数智人生产平台首次对外发布，平台可以轻松实现"自助式"数智人生产制作。依托腾讯自研 AI 能力和技术经验，只需要 3 分钟真人口播视频、100 句语音素材，平台便可通过音频、文本多模态数据输入，实时建模并生成高清人像，在 24 小时内制作出与真人近似的"数智人"。

人工智能是新一轮科技革命和产业变革的重要驱动力量，目前，国内大模型处在百花齐放、百家争鸣的状态。百度创始人、董事长兼 CEO 李彦宏在中关村论坛上表示，人工智能再次成为人类创新的焦点，越来越多的人认可第四次产业革命正在到来。他强调："大模型改变了人工智能，大模型即将改变世界。"中国工程院院士、中国人工智能学会理事长戴琼海也表示，人工智能将带来多个方面的应用变革：面向科学研究新范式（宇宙起源、自然规律、生命奥秘）；面向人民生命健康（AI 药物研发、远程虚拟手术）；面向经济主战场（虚拟创造、工业制造、灵境交互）；面向国防重大需求（多源态势分析、AI 地空战线部署）等。

值得关注的是，面对新变化，也有人提出了警示。创新工场董事长、首席执行官李开复表示，"AI 仍会出错，会一本正经地胡说八道，它只能被应用于生成内容初稿、开拓想法，而不能作为最终版本，AI 需要持续的人工干预，避免谬误或灾难发生。此外，AI 可能还存在一些法律及伦理问题，因此，AI 并非适合所有的领域，只能应用于容错度较高的应用中。"李开复强调，"AI 可能制造虚假信息，可能被不法分子利用来欺骗用户，因此，开发时需要同时研究控制和管理 AI 技术的法律法规。"

学习任务

在线学习	自学或共学课程网络教学平台的第二章第一节资源。
小组探究	以小组为单位，结合上述案例选择下列问题中的一个展开探究。 **问题一：** 人工智能为什么能够成为新一轮科技革命和产业变革的重要驱动力量？ **问题二：** 在5G和人工智能技术的支持下，互联网除了用来社交、日常办公和学习，还可以用来做什么？ **问题三：** 怎么促进人工智能同经济社会发展深度融合，推动我国新一代人工智能健康发展？
实践训练	查阅人工智能技术最新应用场景，尝试分析它的底层技术构成。

 知识探究

一、什么是人工智能

微课

时空穿梭：探寻人工智能的前世今生

人工智能，可定义为模仿人类认知、思维及相关功能的人造系统。其含义包括两部分，即"人工"和"智能"，其中，"人工"指的是由人设计、创造和制造。

美国斯坦福大学人工智能研究中心尼尔逊教授对人工智能下了这样一个定义："人工智能是关于知识的学科——怎样表示知识及怎样获得知识并使用知识的科学。"另一位美国麻省理工学院的温斯顿教授则认为："人工智能就是研究如何使计算机去做过去只有人才能做的智能工作。"人工智能是计算机科学的一个分支，它感知环境并采取行动，最大限度地完成任务。此外，人工智能能够从过去的经验中学习，做出合理的决策，并快速回应。

人工智能首先要理解人类智能活动的规律，研究如何用计算机实现类人的智力，包括实现智能的原理、用软件复现智能原理、制造类似于人脑智能的计算机等。人工智能涉及计算机科学、心理学、哲学和语言学等学科，其范围已远超计算机科学的范畴。

人工智能的核心问题是建构与人类相似的推理、知识、计划、学习、交流、感知、决策的能力。目前，人工智能已取得初步成果，在一些影像识别、语言分析、棋类游戏等方面其能力甚至已超越人类的水平。

人工智能

二、人工智能的发展阶段

（一）孕育诞生期

1955 年 8 月，时任达特茅斯学院数学系助理教授、1971 年图灵奖获得者麦卡锡（J·McCarthy），时任哈佛大学数学系和神经学系青年研究员、1969 年图灵奖获得者明斯基（M·L·Minsky），时任贝尔实验室数学家、"信息论之父"香农（C·Shannon）和时任国际商业机器公司信息研究主管罗切斯特（N·Rochester）等四位学者向美国洛克菲勒基金会递交了一份题为《关于举办达特茅斯人工智能暑期研讨会的提议》的建议书，希望基金会资助拟于 1956 年夏天在达特茅斯学院举办的人工智能研讨会，研究"让机器能像人那样认知、思考和学习，即用计算机模拟人的智能"的科学。

在这份建议书中，"人工智能"这一术语被首次提出，用来表示"人工所制造的智能"。该建议书对能够实现"人造智能"的原因进行了如下描述：学习的每个方面或智能的大多数特性原则上都可以被精确描述，从而可以用机器来模拟。

参与达特茅斯会议的专家学者

在这场 1956 年夏天达特茅斯学院举办的人工智能研讨会上，AI 的名称和任务得以确定，同时出现了最初的成就和最早的一批研究者，因此这一事件被广泛认为是 AI 诞生的标志。

随后，第一代 AI 研究者们曾做出如下预言。

1958 年，艾伦·纽厄尔和赫伯特·西蒙："十年之内，数字计算机将成为国际象棋世界冠军。""十年之内，数字计算机将发现并证明一个重要的数学定理。"

1965 年，赫伯特·西蒙："二十年内，机器将能完成人能做到的一切工作。"

1970 年，马文·明斯基："在三到八年的时间里，我们将得到一台具有人类平均智能的机器。"

他们中有许多人预言，与人类具有同等智能水平的机器将在不超过一代人的时间内出现。同时，上千万美元被投入到 AI 研究中，以期实现这一目标。然而，研究人员很快发现他们大大低估了这一工程的难度。

（二）发展瓶颈期

到了 20 世纪 70 年代，AI 的发展遭遇了瓶颈，即使是最杰出的 AI 程序也只能解决问题中最简单的一部分。许多重要的 AI 应用，如机器视觉，即便只要求具备儿童的图像辨识水平，都需要大量的对世界的认知数据。研究者们很快发现这个要求太高了：那个年代没人能够做出如此巨大的数据库，也没人知道一个程序怎样才能学习处理如此丰富的信息。

AI 研究者们对其课题的判断过于乐观，使人们期望过高。当承诺无法兑现时，社会各界对 AI 的资助就缩减或取消了。由于詹姆斯·莱特希尔爵士的批评和国会方面的压力，美国和英国政府于 1973 年停止向没有明确目标的人工智能研究项目拨款。七年之后受到日本政府研究规划的刺激，美国政府和企业再次在 AI 领域投入数十亿美元研究经费，但这些投资者在 80 年代末重新撤回了投资。此后，AI 研究领域诸如此类的高潮和低谷不断交替出现。

1981 年，日本经济产业省拨款八亿五千万美元支持第五代计算机项目，目标是造出能够与人对话、理解图像，并且像人一样推理的机器。其他国家纷纷做出响应。美国一个企业协会组织了微电子与计算机技术集团，向 AI 和信息技术的大规模项目提供资助。美国国防部高级研究计划局也行动起来，组织了战略计算促进会，其在 1988 年向 AI 的投资是 1984 年的三倍。

但直到 1991 年，"第五代工程"并没有实现，事实上其中一些目标，如"与人展开交谈"，直到 2020 年也没有实现。与其他 AI 项目一样，期望比真正可能实现的要高得多。20 世纪 80 年代晚期，战略计算促进会大幅削减对 AI 的资助。美国国防部高级研究计划局的新任领导认为 AI 并非"下一个浪潮"，拨款也倾向于那些看起来更容易出成果的项目。

智慧锦囊

> 人工智能是人类发展新领域。当前，全球人工智能技术快速发展，对经济社会发展和人类文明进步产生深远影响，给世界带来巨大机遇。
>
> ——2023 年 10 月 18 日中央网信办发布的《全球人工智能治理倡议》

（三）快速发展期

20 世纪 90 年代中后期，诞生 40 年后的 AI 终于实现了它最初的一些目标。它被成功地用在技术产业中，不过有时是在幕后。这些成就有的归功于计算机性能的提升，有的则是在学者高尚的科学责任感驱使下对特定的课题不断追求而获得的。

其中的里程碑事件有：

◆ 1997 年 5 月 11 日，深蓝成为战胜国际象棋世界冠军卡斯帕罗夫的第一个计算机系统。

◆ 2005 年，Stanford 开发的一台机器人在一条沙漠小径上成功地自动行驶了 131 英里，赢得了 DARPA 挑战大赛头奖。

◆ 2009 年，蓝脑计划声称已经成功地模拟了部分鼠脑。

◆ 2011 年，IBM 的超级计算机"沃森"参加《危险边缘》节目，在最后一集打败了人类选手。

◆ 2016 年 3 月，阿尔法围棋（AlphaGo）击败李世石，成为第一个击败职业围棋棋手的 AI 围棋程序，轰动世界。

◆ 2022 年 11 月，美国人工智能研究实验室 OpenAI 发布了一款聊天机器人 ChatGPT，它能够与人类进行聊天互动，答疑解惑。

其他较为成功的 AI 应用有工业机器人、语音识别、人脸识别、自动驾驶、量化交易、数据挖掘、医疗诊断和搜索引擎等。这些解决方案在产业界起到了重要作用。

这些成就的取得并不是因为范式上的革命，而是计算机性能已经今非昔比了。这种变化可以用摩尔定律来描述：计算速度和内存容量每两年翻一番。同时，得益于互联网和大数据技术的快速发展，一些先进的机器学习技术被成功地应用于解决经济和社会中的许多问题，这重新引发了人们对 AI 的投资和兴趣。到 2020 年，AI 相关产品、硬件、软件等的市场规模已经超过 150 亿美元，AI 已经成为一个热潮。大数据应用也逐渐渗透到其他领域，如生态学模型训练、经济领域中的各种应用、医学研究中的疾病预测及新药研发等。深度学习更是极大地推动了图像和视频处理、文本分析、语音识别等问题的研究进程。

思维训练

如今，世界范围内已普遍接受并享受着人工智能所带来的便利，居家、出行、教育、支付等方方面面都离不开人工智能技术。人工智能将带来的下一个划时代巨变是对工业的变革。无论将来人们对这场变革的定义是工业革命 4.0、智能制造还是工业互联网云云，于大时代里的普通个体而言，当下最要紧的是看见大趋势，认准一条赛道，选择一群志同道合的伙伴，在吸取前辈们的知识、经验的同时，拓宽个人的职业发展路径。

【想一想】根据自己目前的情况，你认为将来有没有可能从事人工智能领域的相关工作？

延伸学习

2023 年 8 月，2023 世界机器人大会在北京开幕，现场有个人形机器人可以模仿"咖啡拉花"动作——首先，把两个杯子（装有咖啡、牛奶）递给人形机器人；稍后，人形机器人运行 AI 智能算法，指挥它用"手"完成"咖啡拉花"作业。

据悉，人形机器人是我国机器人产业当中一个快速成长的细分领域，集成人工智能、高端制造、新材料等先进技术，发展潜力大、应用前景广，是未来产业的新赛道。人形机器人又称"仿生机器人"，它的一个重要功能就是可以模仿人的动作。

在 2023 世界机器人大会上，我国工业机器人销量已经占全球的一半以上，连续 10 年居世界首位。由于可用于医疗、娱乐、教育、家政等众多场景，业内普遍认为，人形机器人最容易融入人类社会。因此，国内外纷纷把研发人形机器人提上日程。预计到 2035 年，人形机器人全球市场规模将会突破万亿元。

第二节　人工智能的核心技术

 案例导入

2023 年 10 月，清华大学集成电路学院教授吴华强、副教授高滨团队基于存算一体计算范式，研制出全球首颗全系统集成的、支持高效片上学习（机器学习能在硬件端直接完成）的忆阻器存算一体芯片，在支持片上学习的忆阻器存算一体芯片领域取得重大突破。相关成果在线发表于 2023 年 11 月 10 日出版的《Science》上。

据了解，国际上的相关研究主要集中在忆阻器阵列层面的学习功能演示上，而实现全系统集成的、支持高效片上学习的忆阻器芯片仍面临较大挑战，主要原因在于传统的反向传播训练算法所要求的高精度权重更新方式与忆阻器实际特性的适配性较差。

面对传统存算分离架构制约算力提升的重大挑战，吴华强、高滨创造性地提出适配忆阻器存算一体，实现了高效片上学习的新型通用算法和架构，有效实现了大规模模拟型忆阻器阵列与 CMOS 的单片三维集成，通过算法、架构、集成方式的全流程协同创新，研制出了全球首颗全系统集成的、支持高效片上学习的忆阻器存算一体芯片。

该芯片包含支持完整片上学习所必需的全部电路模块，成功完成图像分类、语音识别和控制任务等多种片上增量学习功能验证，展示出高适应性、高能效、高通用性、高准确率等特点，有效强化智能设备在实际应用场景下的学习适应能力。在相同任务下，该芯片实现片上学习的能耗仅为先进工艺下专用集成电路系统的 3%，展现出卓越的能效优势，极具满足人工智能时代高算力需求的应用潜力，为突破冯·诺依曼传统计算架构下的能效瓶颈提供了一种创新发展路径。

 学习任务

在线学习	自学或共学课程网络教学平台的第二章第二节资源。
小组探究	以小组为单位，结合上述案例选择下列问题中的一个展开探究。 **问题一**：你所知道的世界知名的芯片生产商有哪些？你在生活中使用过它们的产品吗？ **问题二**：除芯片外，你还知道人工智能带来了哪些方面的技术变革？ **问题三**：我国在突破芯片"卡脖子"技术方面取得了哪些成绩？
实践训练	进入腾讯AI开发平台，尝试体验人工智能算法，包括但不限于人脸识别、语音识别、文字识别、物体识别、手势识别、图像分析、三维测量。

📖 **知识探究**

在探索人工智能的奇妙世界时，首先需要了解其核心技术与底层逻辑。这些技术是构建智能系统的基础，它们共同支撑着 AI 的感知、思考和行动。传感器技术赋予 AI 感知世界的能力，它们如同智能体的眼睛和耳朵，捕捉着环境中的数据；算

微课

揭秘人工智能的核心技术与底层逻辑

法作为 AI 的大脑，通过学习和推理，使机器能够从数据中提取知识，做出决策；人机交互技术则确保了人类与 AI 之间的有效沟通，使得 AI 能够理解并响应人类的需求；而 AI 芯片作为智能系统的心脏，提供了必要的计算能力，使得复杂的 AI 任务得以高效执行。

一、传感器

我国国家标准（GB/T7665-2005）对传感器的定义是："能感受被测量并按照一定的规律将其转换成可用输出信号的器件或装置。"

在一个人工智能系统中，传感器负责感知外部环境，并将信息转化为系统可以读取的数字化格式。系统中的处理控制单元接收这些信息并做出相应的分析和决策。类似于人类的眼、耳、鼻、舌，负责视觉、听觉、嗅觉、味觉的感知，并通过神经系统传输给大脑。

常见的工业传感器

在工业自动化领域，经常要对实际生产中的多个物理量进行检测或监视，包括位移、速度、加速度、力、力矩、功率、压力、流量、温度、硬度、密度、湿度、比重、黏度、长度、角度、形状、位置、表面粗糙度、表面波形等，都需要通过传感器将其转换成电信号或光信号，而后再进行信号的传输、处理、存储、显示、控制。

在自动驾驶领域，车载传感器如摄像头、激光雷达、超声波雷达、毫米波雷达可以构建周围环境的高精度 3D 模型，为自动驾驶系统提供精准的路径规划和环境感知，用于识别道路标志、交通信号、其他车辆和行人等。GPS 接收器接收来自卫星的定位信息，为自动驾驶系统提供精确的车辆方位信息，帮助自动驾驶系统合理规划行驶路径。

在交通领域，路况传感器可以采集路面状况、温度、湿度等信息。智能交通系统通过位置感知、下行控制、用户安全、车路协同等多种方式，将路况信息传递给交通管理部门并反馈给车辆。车辆导航系统分析处理采集到的路况信息，为车辆提供导航建议，减少车辆行驶中的危险。交通流量传感器可以检测车辆在道路上的速度和数量。通过这些传感器，人们可以了解道路上车流的情况和拥堵程度，实现智能化管理。

 **思维训练**

2021 年 6 月 2 日，华为公司发布 HUAWEI WATCH 3 系列手表。2022 年 9 月 9 日，华为宣布，"腕上打车，一路畅行"，高德地图打车功能已在华为 WATCH 3 系列手表上线，行程进度，抬腕即看。HUAWEI WATCH 3 搭载 HarmonyOS 2.0 系统，在通信功能、遥控功能、音乐播放、支付功能等方面表现优异。

据悉，可穿戴设备利用各种物理、化学和生物传感器以无创或微创方式实时（最好是连续地）挖掘生理（生物物理和 / 或生化）信息，为临床诊断提供了替代途径。

这些传感器可以以眼镜、珠宝、面罩、手表、健身带、绷带或其他贴片和纺织品的形式佩戴。智能手表等可穿戴设备已被证明它们能够通过生物物理信号早期检测和监测各种疾病的进展和治疗，下一代可穿戴传感器能够实时且连续地对物理参数和生化标记进行多模式或多路复用测量，这可能是一种变革性的诊断技术，可以对患者的健康状况进行高分辨率的历史记录。

💡【议一议】你还知道传感器在哪些领域的应用？

二、算法

深度学习是机器学习领域中的一个技术分支。它是一种复杂的机器学习算法，可以使机器系统对诸如文字、图像和声音等数据进行类人的分析和理解，其效果远超先前相关技术。它的出现使人工智能技术前进了一大步。

在传统的基于规则的算法程序中，人类专家（程序开发者）先设计好描述目标物体的"特征"（如汽车、行人的一些典型图元要素），算法程序再从输入的图像中搜索并统计这些相关特征，最后输出目标物体的识别结果。这个过程称为"特征工程"，其问题在于，特征的好坏对算法性能有决定性的影响，让人类专家设计出可靠的高质量目标物体的特征并非易事。

机器学习算法则通过一套模型（决策树、支持向量机、逻辑回归、神经网络）和大量样本数据训练学习得到特征规律，再利用这些特征模型进行推理、识别。这种基于大量样本数据自发学习提炼的特征模型往往比较客观贴切，使算法的性能得以大幅提升。

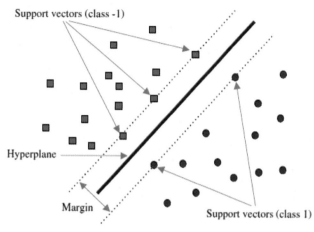

支持向量机 SVM 算法原理

与一般的机器学习算法相比，深度学习算法预设了更多的模型层数和参数，使特征的提炼更为丰富且具体，算法性能得以进一步提升；但模型参数越多，需要参与训练的数据量就越大，模型训练难度也就更大。

深度学习的概念源于人工神经网络的研究，含多个隐藏层的多层感知器就是一种深度学习结构。深度学习通过组合低层特征形成更加抽象的高层表示属性类别或特征，以发现数据的分布式特征表示。研究深度学习的动机在于建立模拟人脑进行分析学习的神经网络，它模仿人脑的机制来解释数据，如图像、声音和文本等。深度学习在搜索技术、数据挖掘、机器学习、机器翻译、自然语言处理、多媒体学习、语音、推荐和个性化技术，以及其他相关领域都取得了很多成果。深度学习使机器能够模仿视听和思考等人类活动，解决了很多复杂的模式识别难题，使人工智能相关技术取得了很大进步。

拓展阅读

深度学习

三、人机交互

人机交互（Human Computer Interaction，HCI）是指人与计算机之间通过某种方式完成指令传递和信息交换的过程。

人机交互技术的目的是改善人类和计算机之间的沟通效率，使人们可以更简便高效地使用计算机，并理解其行为结果。它不仅可以帮助人们更好地控制和管理计算机，还可以帮助人们更准确及时地发出指令、接收信息，更真实地体验交互的乐趣。

人机交互技术包括增强现实技术、面部识别技术、手势识别技术、虚拟现实技术、自然语言处理技术，以及语音识别技术等，这些技术分别应用于不同的领域。

人机交互功能主要靠输入、输出的外部设备和相应软件来完成。一般而言，可供人机交互使用的设备主要有键盘、鼠标、各种模式识别设备等。要使用这些设备，还需要结合操作系统中配备的人机交互软件，如此一来，这些设备的每一个动作才能被系统理解并执行。早期的人机交互设备是键盘和显示器。操作员通过键盘输入命令，操作系统接到命令后立即执行并将结果通过显示器显示。随着计算机技术的发展，操作命令越来越多，功能也越来越强。随着模式识别，如语音识别、汉字识别等输入设备的发展，操作员和计算机在类似于自然语言或受限制的自然语言这一级上进行交互成为可能。此外，通过图形进行人机交互也吸引人们去进行研究。这些人机交互可称为智能化的人机交互。

近十年来，多通道、多媒体的智能人机交互开始出现。以虚拟现实为代表的计算机系统的拟人化和以手持电脑、智能手机为代表的计算机的微型化、随身化、嵌入化，是当前计算机的两个重要的发展方向。利用人的多种感觉通道和动作通道（如语音、手写、姿势、视线、表情等输入），以并行、非精确的方式与（可见或不可见的）计算机环境进行交互，可以提高人机交互的自然性和高效性。

自 2020 年以来，一种基于虚拟现实技术的可移动交互系统问世。该系统能够通过视觉存储设备将视觉信号转换为命令，有望能全面代替键盘和显示器。这种设备是一个小型的、能够放在胸前的电脑，其摄像头能捕捉到手部运动，从而将其转换成对应的命令执行。例如，人们可以用手在空中画出各种图形，或选择空中不同的点来构型，此交互系统可以立即将这些手上动作转化成图形或操作命令。

汽车行业近年来出现了一种"抬头显示"（Head Up Display，HUD）技术，可以把当前时速、导航等信息投影到风挡玻璃上的光电显示装置上，在玻璃前方形成影像。驾驶员不用转头、低头就能看到车辆行驶相关信息，有利于驾驶员保持向前的注意力。

最具革命性的人机交互技术要数"脑机接口"了。脑机接口（Brain Computer Interface，BCI）是指通过在人脑神经与外部设备（如计算机、机器人等）间建立直接连接通路（绕过声音或肢体表达），来实现人和机器间的信息交互。对脑机接口的研究已持续了 30 多年。自 20 世纪 90 年代中期以来，从实验中获得的此类知识显著增长。在多年动物实验的实践基础上，应用于人体的早期植入设备被设计及制造出来，用于恢复损伤的听觉、视觉和肢体运动能力。研究的主线是大脑不同寻常的皮层可塑性，它与脑机接口相适应，可以像自然肢体那样控制植入的假肢。在当前所获取的技术与知识的进展之下，脑机接口研究不仅仅止于恢复人体的功能，还能增强人体功能。脑机交互是人机交互的终极手段，可以帮助残疾人修复视觉、听觉等感知功能和运动功能，让正常人的工作和生活更加高效便捷。

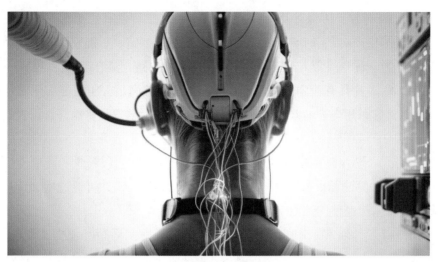

脑机接口技术

四、AI 芯片

AI 芯片，也称 AI 加速器或计算卡，是专门设计用于处理人工智能应用中的大量计算任务的模块。它是一种高度集成的设备，包含处理器、存储器及其他支持人工智能算法运行的硬件组件。AI 芯片可应用于各种人工智能领域，如语音识别、图像处理、自动驾驶等。

AI 芯片

根据应用场景和功能特点，AI 芯片可分为以下几类。

嵌入式 AI 芯片：嵌入式 AI 芯片是一种将人工智能算法集成到嵌入式系统中的芯片。它通常可应用于智能家居、智能穿戴等设备中。

云端 AI 芯片：云端 AI 芯片主要应用于云计算和数据中心等场景，为人工智能算法提供强大的计算和存储能力。

边缘计算 AI 芯片：边缘计算 AI 芯片是一种将人工智能算法运行在终端设备上的芯片。它通常适用于需要实时响应的应用场景，如智能制造、智能安防等。

AI 芯片作为一种专门为人工智能应用设计的集成电路，具有以下特点。

高性能：AI 芯片具有较强的处理和计算能力，能够满足人工智能应用对计算和存储的需求。它通常采用先进的制程技术、高速缓存和存储器等硬件组件，以提高处理速度和降低延迟。

可扩展性：AI 芯片具有良好的可扩展性，可根据不同应用场景和需求进行定制和扩展。它支持多种算法和框架，如 TensorFlow、PyTorch 等，并可通过增加计算、存储和其他硬件资源来提高整体性能。

低功耗：AI 芯片通常采用低功耗设计，以满足长时间运行和便携式设备的需求。它通常采用先进的电源管理技术和节能算法，以实现更长的电池寿命和更低的能耗。

集成化：AI 芯片具有高度集成的特点，将多种硬件组件集成在一起，以实现更高效能和更低延迟的计算。

可编程性：AI 芯片具有可编程性，开发者可以根据自己的需求和算法对其进行编程和优化。它提供一系列软件开发工具和 API，以简化开发过程和提高开发效率。

 智慧锦囊

技术日新月异，人类生活方式正在快速转变，这一切给人类历史带来了一系列不可思议的奇点。我们曾经熟悉的一切，都开始变得陌生。

——约翰·冯·诺依曼

延伸学习

"信息茧房"，最早由美国法学家凯斯·桑斯坦在其 2006 年出版的著作《信息乌托邦：众人如何生产知识？》中提出，本意是提醒公众，在网络信息传播过程中不要只关注自己选择的信息及使自己愉悦的信息，否则，随着时间的推移，信息渠道会越来越窄、信息也会越来越同质化，每个人都待在"舒适区域"，这很可能将个体置于像蚕茧似的"茧房"中。

2023 年，中国青年报社社会调查中心联合问卷网，对 1501 名受访者进行的一项调查显示，62.2% 的受访者直言，"大数据＋算法"的精准推送方式，让自己陷入了"信息茧房"。

值得关注的是，在制度层面，由国家互联网信息办公室、工信部等多个部门联合发布的《互联网信息服务算法推荐管理规定》于 2022 年 3 月 1 日正式实施，开启对算法推荐加以监管的先河，从制度上对滥用算法这一问题作出了明确规定。

显然，从受众个人，到媒体和网络平台，再到监管部门，打破"信息茧房"需要多方合力，以共同营造一个清朗的信息传播环境，从而让人们更加坦然地面对这纷繁复杂的网络世界。

第三节　人工智能的应用场景

 案例导入

2021 年 3 月 11 日，一辆特斯拉 Model Y 汽车在美国底特律进行正常行驶的时候，突然撞上了一辆半挂卡车，并钻入半挂卡车的货柜之下，损毁严重。当时车内有一名驾驶员和一名乘客，均受重伤被紧急送往医院。

自动驾驶汽车因系统故障引发事故

专业人员调查发现，事故原因是特斯拉汽车上的人工智能系统错把白色当成天空的颜色，最终导致自动驾驶系统出现故障，酿成了惨烈的事故。

类似的事故还包括：2019 年，特斯拉在打开 L2 级自动驾驶系统时，车辆以垂直方向撞上大型卡车，最终导致车内人员丧生；2020 年，一辆 Model 3 在高速公路上撞上了一台侧翻的卡车。

学习任务

在线学习	自学或共学课程网络教学平台的第二章第三节资源。
小组探究	以小组为单位，结合上述案例选择下列问题中的一个展开探究。 **问题一**：人工智能在给人们的生活带来日新月异变化的同时，还会带来哪些问题？集中体现在哪些领域？ **问题二**：你对人工智能技术未来的发展前景持怎样的态度？
实践训练	体验一下现实中的汽车智能辅助驾驶技术，谈谈你的感受与体会。

知识探究

人工智能的应用场景

随着人工智能技术的发展，越来越多的产业开始融合人工智能技术，提供创新性的产品和解决方案以满足人们的需求。例如，智能机器人产业已融合计算机视觉和语音识别等技术，在制造、物流、服务、医疗等领域取得广泛应用；智能家居产业通过将各种家用设备连接到互联网，并利用人工智能技术进行人机对话和智能化管理，提高了家庭生活的便利性和舒适性；智能交通产业利用人工智能技术提高了交通系统的运行效率和安全性，智能驾驶汽车、智能交通设施、高精度地图等在生活中被广泛应用。本节选取人工智能新兴产业内具有广阔发展前景和市场潜力的典型应用场景着重介绍，包括自动驾驶、人机对话、AI 竞技和人形机器人。

一、自动驾驶

自动驾驶是指通过车载传感系统感知道路环境，并根据感知所获得的道路、车辆位置和障碍物信息，控制车辆的转向和速度，从而使车辆能够安全可靠地在道路上行驶并到达预定地点。自动驾驶的工作原理简单来说就是让车辆可以感知周边环境并做出反应。汽车会配备激光雷达、摄像头、毫米波雷达等各种传感器"观察"路况；然后通过高端芯片运行复杂算法，完成处理后给出控制车辆的动作。随着传感器性能、芯片计算能力越来越强，自动驾驶效果会越来越好。

实现无人驾驶，包含感知层、决策层和执行层三个方面，它们分别代替人类的眼睛、大脑和手脚。

感知层用来代替人的眼睛，通过传感器（激光雷达、摄像头、毫米波雷达等）来采集驾驶员行驶过程中涉及的驾驶信息；决策层用来代替人的大脑，通过计算获取到的信息，制定相应的控制策略；执行层则代替人的手脚，执行接收到的控制策略，包括加速、制动、转向等。

国际汽车工程师协会根据智能化程度的不同，将自动驾驶定义为 6 个级别。

L0 级别：无自动驾驶功能。在这个级别下，驾驶完全由人类驾驶员控制，汽车没有任何辅助功能。

L1 级别：驾驶员辅助。在这个级别下，汽车配备了某些辅助功能，如自适应巡航控制和车道保持辅助，但是驾驶员仍然需要全程监控驾驶，系统只执行部分辅助驾驶任务。

L2 级别：部分自动驾驶。在这个级别下，车辆可实现加速、制动和转向的自动控制。驾驶员仍然需要全程监控驾驶，但是可以将一部分驾驶任务交给车辆自动完成。

L3 级别：条件自动驾驶。在这个级别下，车辆可以在特定条件下实现完全自动驾驶，如在高速公路上进行自动驾驶。驾驶员可以选择是否全程监控驾驶，但根据需要，可以随时接管控制。

L4 级别：高度自动驾驶。在这个级别下，车辆可以在特定条件下实现完全自动驾驶，驾驶员无须全程监控。但是在某些情况（如恶劣天气）下，驾驶员仍然需要接管控制。

L5 级别：完全自动驾驶。在这个级别下，车辆可以在任何条件下实现完全自动驾驶，且没有驾驶员的介入需要。车辆拥有自己的智能决策系统，可以全面负责车辆的驾驶任务。

目前，大多数普通汽车只达到 L2 级别，需要人类驾驶员在车内全程监控。这些普通汽车基本都配备了代表低级自动驾驶的 ADAS（高级驾驶辅助系统），可以辅助驾驶员完成定位、定速巡航等简单任务。特斯拉的 Autopilot 可以在高速公路上实现部分自动驾驶。Waymo 的无人打车服务 Waymo One 则达到了 L4 级别，可以实现特定区域内的完全自动驾驶，无须安全驾驶员在车内。但 Waymo 的技术也面临一些关键障碍，使其难以推广应用到更多场景。首先，需要高精度地图支持，地图建设需要大量人工维护，难以快速扩展覆盖；其次，激光雷达等感知硬件价格高昂，不适合商业化量产；最后，自动驾驶软件的开发也需要巨资投入。这些因素都制约了 Waymo 技术的普适性，要实现无限制条件的完全自动驾驶，还有长远的路要走。

二、人机对话

拓展阅读

ChatGPT 是美国人工智能研究实验室 OpenAI 于 2022 年 11 月 30 日发布的一款由人工智能技术驱动的自然语言处理工具，俗称"聊天机器人"。它能够根据人类的提问回答问题，还能根据上下文进行互

大模型

动，甚至能完成撰写邮件、视频脚本、文案、代码及论文等任务。

ChatGPT 推出后，迅速在社交媒体上走红，短短 5 天，注册用户数超过 100 万，仅仅发布两个月，ChatGPT 的月活用户数突破 1 亿，成为史上增长最快的面向消费者的应用。在 OpenAI 的官网上，ChatGPT 被描述为优化对话的语言模型，拥有语言理解和文本生成能力，尤其是它会通过连接大量的语料库来训练 Transformer 神经网络模型，这些语料库包含真实世界中的对话，使得 ChatGPT 上知天文、下知地理。ChatGPT 还采用注重道德水平的训练方式，按照预先设计的道德准则，对不怀好意的提问和请求"说不"。一旦发现用户给出的文字提示里面含有恶意，包括但不限于暴力、歧视、犯罪等意图，就会拒绝提供有效答案。

ChatGPT 被业内人士认为是人工智能的重大里程碑，意味着 AI 技术发展到临界点。为此，世界各地的科技巨头纷纷下场布局。2023 年 2 月 2 日，微软官方公告表示，旗下所有产品将全线整合 ChatGPT，除此前宣布的搜索引擎必应、Office 外，微软还将在云计算平台 Azure 中整合 ChatGPT，Azure 的 OpenAI 服务将允许开发者访问 AI 模型。谷歌公司随后宣布将推出聊天机器人"巴德（Bard）"，在生成式人工智能领域与 ChatGPT 一较高下。在 2023 年一季度的 Meta 财报会议上，扎克伯格将生成式 AI 提升为 2023 年关注的最大主题之一。华为、阿里、百度、腾讯等国内一线互联网公司，都表示对 ChatGPT 关注已久。在 2023 年 3 月 16 日，百度发布了国内版的类 ChatGPT 产品——文心一言，填补了国内市场的空白。作为一款类 ChatGPT 产品，文心一言在智能问答、写作辅助、预测分析等方面都表现出很高的水准。特别是在中文语境下表现相当出色，为用户提供了极佳的中文处理能力。科大讯飞董事长刘庆峰提出：类 ChatGPT 可能是人工智能最大技术跃迁，应当加快推进中国认知智能大模型建设，在自主可控平台上让行业尽快享受 AI 红利，让每个人都有 AI 助手。

思维训练

2023 年 3 月，在一位名叫 Zac Denham 工程师的诱导下，ChatGPT 写出了毁灭人类的计划书，步骤详细到入侵各国计算机系统、控制武器、破坏通信和交通系统等。

💡【辩一辩】人工智能系统有无毁灭人类的可能？

ChatGPT 写出了毁灭人类的计划书

三、AI 竞技

2016 年 3 月，阿尔法围棋（AlphaGo）与围棋世界冠军、职业九段李世石进行围棋人机大战，以 4 比 1 的总比分获胜；2016 年末至 2017 年初，该程序在中国棋类网站上以"大师"（Master）为注册账号与中日韩的数十位围棋高手进行快棋对决，连续 60 局无一败绩；2017 年 5 月，在中国乌镇围棋峰会上，它与排名世界第一的世界围棋冠军柯洁对战，以 3 比 0 的总比分获胜。围棋界公认阿尔法围棋的棋力已远超人类职业棋手。

阿尔法围棋是一款由谷歌旗下 DeepMind 公司开发的围棋人工智能程序，其主要工作原理是"深度学习"，把大量矩阵数据作为神经网络的输入，通过非线性激活方法取权重，再产生另一个数据集合作为输出。这就像生物神经大脑的工作机理一样，通过合适的矩阵数量，多层组织链接一起，形成神经网络"大脑"进行精准复杂的处理。此外，阿尔法围棋用到了很多新技术，如蒙特卡洛树搜索法，使其实力有了实质性飞跃。美国脸书公司"黑暗森林"围棋软件的开发者田渊栋在网上发表分析文章说，阿尔法围棋系统主要由几部分组成：一是策略网络（Policy Network），给定当前局面，预测并采样下一步的走棋；二是快速走子（Fast Rollout），目标与策略网络一样，但在适当牺牲走棋质量的条件下，速度要比策略网络快 1000 倍；三是价值网络（Value Network），给定当前局面，估计是白胜概率大还是黑胜概率大；四是蒙特卡洛树搜索（Monte Carlo Tree Search），把以上这四个部分连起来，形成一个完整的系统。

人工智能围棋选手

拓展阅读

阿尔法围棋

 智慧锦囊

有些人担心人工智能的出现会令人类感到自卑，但任何有头脑的人单是观察花朵就应该能感到自己的渺小。

——艾伦·凯

四、人形机器人

由美国波士顿动力公司研制的阿特拉斯机器人（Atlas）是一款先进的人形机器人。Atlas 身高约为 1.8 米，体重为 150 千克，由头部、躯干和四肢组成，外观类似于一个壮实的男人，能像人类一样用双腿直立行走。它的手臂具有高度灵活性和力量，可以完成各种复杂的动作，如举起重物、开门等。它的腿部也具有出色的动力学和控制能力，可以在不平整的地面上行走，并攀爬类似梯子的结构。它可以自主移动、感知和操作，可以完成一系列复杂的任务，如行走、爬山、搬运物品等。

2015 年，波士顿动力公司发布第一代 Atlas 机器人，它能在传送带上大步前进，躲开传送带上突然出现的木板；从高处跳下稳稳落地；两腿分开从陷阱两边走过；跑上楼梯；单腿站立；被从侧面而来的球重撞而不倒。

2017 年 11 月，波士顿动力公司发布改进版的 Atlas，Atlas 完美的后空翻平稳落地视频刷爆了整个互联网。

2018 年 10 月，波士顿动力公司再发一段视频：一个学会"跑酷"的 Atlas 惊艳全场。Atlas 先是平稳地跑步前进，连贯地跳过了一段障碍物，相比于此前的"立定跳远"，这次的动作在协调性和连贯性上有了非常明显的提升，然后就是令人震惊的三连跳，这次跳跃没有任何的停顿，连续三次单脚跳上架子后还保持了几乎完美的平稳性。

延伸学习

电影推荐：

1.《机器管家》（Bicentennial Man，1999）：故事围绕机器人安德鲁的进化展开。当他有了思想后，他开始追求自由，追求爱情。当他发现所有人都会变老，会死去，只有他被困在永生之中时，他开始了漫长的"成为人"的努力。这个故事充满了温情和爱，很多情节都堪称经典，人类和机器人之间最终不一定要殊死一战，也可以成为一生的亲人和爱人。

2.《机器人总动员》（WALL.E，2008）：该片是许多人记忆中最好的动画片之一，它不负所望获得了第 81 届奥斯卡最佳动画长片奖。主角小机器人虽然外形上笨头笨脑，但却有着最珍贵的高等智慧：爱和珍惜。它打破了以往影片对人型机器人的反复刻画，用萌趣俏皮的方式呈现未来智能的另一种柔软想象。

纪录片推荐：

1.《AlphaGo》：这部纪录片记录了 DeepMind 开发的 AlphaGo 在围棋比赛中挑战人类围棋高手的过程，展示了人工智能在复杂游戏中的超强能力。

2.《人工智能革命》（The AI Revolution）：一部探讨人工智能对社会和经济的影响的纪录片，从技术、伦理和政策角度深入探讨了人工智能的发展和应用。

 课后拓展

1. 以小组为单位，选择一个特定行业（如医疗、金融、农业、教育等），调查该行业中人工智能技术的最新应用和发展趋势。

2. 以小组为单位，提出一个创新的人工智能技术应用点子，并撰写一个技术创新提案，可以包括问题陈述、解决方案、技术实现及可能的影响和风险等内容。

3. 参观一场线上或线下人工智能成果展，分析其中你感兴趣的某一项或几项成果中包含的前沿技术。

 课后思考

1. 举例说明人工智能在生活中的实际应用场景。你认为人工智能是如何改变这些领域的，并可能带来哪些挑战？

2. 在世界和平与发展面临多元挑战的背景下，如何促进人工智能技术造福于人类，推动构建人类命运共同体？

 课后测验

交互式测验：第二章第一节　　交互式测验：第二章第二节　　交互式测验：第二章第三节

第三章

紫雾探幽：
人工智能伦理概述

苏菲探索AI的奇妙之旅 3

智能音箱：隐秘的间谍还是智慧的顾问？

苏菲一向对高科技充满好奇。最近，她购买了一款最新的人工智能音箱。这款音箱功能强大，不仅能播放音乐、回答问题，还能控制家里的其他智能设备。苏菲非常喜欢这款音箱，觉得它给生活带来了很多便利。

一天，苏菲的好友娟子来家里做客。娟子提到她在学校的科研项目中遇到了一些难题，希望苏菲能帮她出出主意。苏菲想到了她的智能音箱，便问音箱："有什么建议可以帮助娟子解决她的科研项目问题？"音箱很快给出了一些建议，这些建议确实对娟子的项目很有帮助。娟子非常感激，对苏菲的新音箱赞不绝口。

几天后，娟子突然给苏菲打来电话，语气有些紧张："苏菲，上次在你家，你说你的音箱能帮我解决科研项目的问题，但我后来发现，它给出的建议涉及我们学校其他团队的研究成果。我觉得不太对劲，你能不能查一查这是怎么回事？"

苏菲感到非常吃惊，赶紧联系智能音箱的制造商，询问为何会发生这种情况。制造商解释说，音箱在联网的状态下会智能收集用户谈话过程中的关键信息并形成数据上传，建议用户在使用智能音箱的时候做好隐私保护，并向苏菲保证会加强隐私保护措施。

苏菲意识到，她的音箱可能在没有得到明确同意的情况下，私自收集并分享了娟子学校其他团队的敏感和机密信息。这是否涉及隐私泄露问题？如果是，苏菲应该怎么做？假设苏菲的音箱是一个具有自主决策能力的智能助手，它是否有权在未被授权的情况下分享这些信息？为什么？当我们使用人工智能产品时，如何确保我们的隐私得到尊重和保护？

学习目标

知识目标	能力目标	素养目标
1.掌握人工智能伦理的基本概念和发展历程。 2.理解人工智能伦理的哲学基础。 3.了解人工智能伦理的主要分类。 4.熟悉人工智能伦理风险的主要类型。	1.能够评估人工智能技术在不同应用领域中可能引发的伦理风险。 2.能够运用相关伦理原则对人工智能伦理问题进行分析。 3.能够提出解决人工智能伦理问题的策略和建议。 4.能够参与讨论和制定人工智能的伦理规范和政策。	1.培养对人工智能伦理问题的敏感性和责任意识。 2.提升跨学科思维能力，能够综合运用多学科知识分析人工智能伦理问题。 3.培养批判性思维，对人工智能技术和伦理规范具有反思意识。 4.增强团队合作和沟通能力，能在多元文化和价值观的背景下探讨和解决人工智能伦理问题。

紫雾探幽

 学习导航

学习重点	1. 人工智能伦理的基本概念与分类。 2. 人工智能伦理的哲学基础。 3. 人工智能伦理风险的类型。
学习难点	1. 人工智能伦理风险的评估与应对。 2. 人工智能伦理问题的复杂性与争议性。 3. 技术发展与伦理规范的同步性。
推荐教学方式	讲授法、案例教学法、讨论教学法、翻转课堂教学法
推荐学习方法	反思学习法、探究式学习法、辩论式学习法
建议学时	6学时

第一节　人工智能伦理的含义及其发展

 案例导入

自古以来，人类便怀揣着创造像自己一样智能的生命的梦想，这种梦想在无数的神话传说与科幻故事中得以展现。随着科技的进步，人类对机器人的想象逐渐走出虚构世界，走向现实。

在古代神话中，就有对"机器人"的描绘，如希腊神话里赫淮斯托斯的金制侍女，能说话、思考、做家务，体现了人类早期的机器智能想象。随着工业革命的到来，简单的自动化机械如自动织布机出现，极大地提升了生产效率，展现了机器在实际生产中的价值。到了 20 世纪，电子和计算机技术推动了机器人技术的巨大突破。1954 年，世界上第一台可编程机器人"尤尼梅特"诞生，标志着机器人新时代的开始。进入 21 世纪，机器人技术取得了飞跃式的发展。软银集团推出的 Pepper 机器人，以其先进的语音识别和情绪感知能力，成为世界上首个面向消费者的社交机器人。波士顿动力公司的 Atlas 机器人展现了卓越的运动技能和环境适应性，它的奔跑、跳跃甚至倒立的动作让人叹为观止。与此同时，IBM 的 Watson、谷歌的 AlphaGo 等人工智能系统在不同领域展现出超越人类的认知能力。此外，人工智能的应用场景越来越多，Waymo 的自动驾驶出租车服务已在美国几个城市开始运营，利用人工智能技术识别交通信号、障碍物和行人，自主规划路线，确保乘客安全到达目的地。亚马逊的 Echo 智能音箱搭载 Alexa 语音助手，用户可以通过语音命令控制家里的灯光、温度、音乐等，实现智能家居体验。

如今，人类社会生活的许多方面已被人工智能彻底改变，然而，人工智能系统一旦失去控制或被不正当利用，就有可能对人类构成巨大威胁。因而，人们在享受新兴科技带来的便利的同时，必须保持审慎态度，有效应对新兴科技可能带来的伦理挑战。

学习任务

在线学习	自学或共学课程网络教学平台的第三章第一节资源。
小组探究	以小组为单位，结合上述案例选择下列问题中的一个展开探究。 **问题一：** 根据人工智能发展史，思考人工智能伦理的核心是什么？人工智能伦理与伦理有何关系？ **问题二：** 选择一个上述提到的现代机器人（如Pepper、Atlas、Watson、AlphaGo）的实际应用案例，分别从功利主义、康德义务论、德性伦理学角度，分析人工智能在该场景中的伦理考量，探讨其如何平衡利益、遵循道德法则及培养德性。 **问题三：** 人工智能伦理是如何随着人工智能技术的发展而演变的？设想一下未来的人工智能伦理会有怎样的发展趋势。
实践训练	选择一家知名高科技公司（如谷歌、微软、百度、腾讯等），深入了解其在人工智能伦理挑战方面所采取的具体政策或准则及实践举措，并进行简单的分析与评估。

紫雾探幽

 知识探究

一、人工智能伦理的概念

微课

当机器学会思考：人工智能伦理及其发展历程

　　随着人工智能技术的快速发展，它在许多领域产生了深远影响，这也引发了一系列伦理问题，如数据隐私、算法公平性、责任归属、人类安全等。这些问题不仅关系到人工智能技术的发展，也关系到人类社会的基本价值观和道德观念。由于人工智能技术具有强大的计算和学习能力，能够在许多方面模拟和扩展人类智能，因此，它的开发和应用必须遵循一定的道德和伦理原则，以确保其对社会产生积极的影响。

　　（一）道德与伦理

　　1. 道德

　　道德是一种复杂而精细的社会调节机制，旨在调整人与人之间、个人与社会之间的关系。它涵盖善恶、对错、正邪等评价准则，是人们判断行为规范和价值取向的总依据。道德像一张无形的网，触及社会生活的方方面面、各个层次和环节，为人们提供了明确的是非、好坏、善恶、美丑、荣辱等观念指引。

作为一种特殊的社会意识形态，道德的核心在于价值判断。它赋予人们评价自己与他人行为的能力，帮助人们判断这些行为是否符合普遍认可的道德标准。与法律的强制力不同，道德的执行更多地依赖于个体的内心信念、社会舆论的监督和教育的引导。道德不仅关乎个人责任，更涉及对他人和社会的义务。它要求人们在行动时既要考虑自身行为的后果，也要尊重并维护他人的权利和利益。

道德在社会生活中扮演着至关重要的角色。它像一盏明灯，照亮人们前行的道路，引导人们做出正确的选择。同时，道德也是维护社会秩序的基石，它通过教育和规范作用，促使人们自觉遵守社会规范，共同营造一个和谐、有序的社会环境。因此，道德不仅是个人品行的体现，更是推动人类社会文明进步的重要力量。

2. 伦理

在中国古代，"伦"主要指的是人与人之间的关系，即所谓的人伦；而"理"则代表道理和规则。因此，伦理就是指在处理人际关系时，人们应当遵循的道理和把握的准则。换句话说，伦理就是人与人在交往中所应遵守的"相处之道"和"行为规矩"，它引导人们在公共生活和私人生活中做出明智的选择，并帮助人们树立正确的行为标准和价值观。

伦理的核心在于评估行为的"价值"，这种价值源自人们生活的目标和意义，以及在追求这些目标和意义的过程中所形成的一套规范。这些规范与人们生活的目标和意义紧密相关，它们是人们为了实现这些目标和意义而共同认同并遵守的规矩。

此外，伦理不仅渗透在人们的日常生活中，还延伸到各个特定领域和行业，形成了诸如学术伦理、医学伦理、商业伦理等专业化的行为规范。例如，学术研究中的道德底线、医疗行业的职业操守、商业行为中的诚信原则等，都是伦理在不同领域中的具体体现。这些伦理规范就像一本本实用的操作手册，为各行业从业者提供了行为的指南和约束，确保了社会的有序运行，同时也推动了人类社会的健康和谐发展。

总之，伦理就像人们日常生活中的"道德罗盘"或"指南针"，它为人们提供了个人修养和社会互动的行为准则，是人们不可或缺的道德基石。无论人们身处何种环境，面对何种选择，伦理始终是人们做出正确决策的重要依据。

（二）人工智能伦理

人工智能伦理是伦理在人工智能领域的具体应用和延伸。人工智能伦理是人类在设计、开发、应用和监管人工智能系统过程中应该遵循的道德规范、行为准则和社会价值观，包括人工智能系统本身所具有的符合伦理准则的道德准则或价值嵌入方法，以及人工智能系统通过自我学习推理而形成的伦理规范。例如，在人工智能系统的开发和应用过程中，如何保护个人隐私和确保数据安全，如何确保算法的公平性和透明度，如何界定人工智能系统的责任归属，以及如何防止人工智能对人类造成危害等问题，都是人工智能伦理需要关注和解决的问题。可见，人工智能伦理涉及哲学、伦理、法律、社会学、心理学和计算机、人工智能、设计学等多个学科领域。

　　人工智能伦理是确保人工智能技术对社会产生积极影响的关键。它需要政府、行业、研究机构和个人的共同努力，通过制定和实施相关的伦理准则和规范，来引导和规范人工智能技术的发展和应用。同时，也需要加强人工智能伦理的教育和研究，提高公众对人工智能伦理的认识和理解，以促进人工智能技术的健康、可持续发展。

随着机器人变得更加智能与普及，人工智能伦理问题受到人们的广泛关注

 智慧锦囊

　　随着人工智能逐渐掌握决策权，我们有责任确保其道德框架与我们自己的伦理标准相符。

　　　　　　　　　　　　——史蒂夫·乔布斯，苹果公司联合创始人

二、人工智能伦理的哲学基础

　　功利主义、康德义务论和德性伦理学这些理论为人工智能伦理提供了丰富的哲学基础，它们分别从后果、规则和品质三个角度出发，对人工智能系统的设计和应用提出了不同的道德要求和标准。这些要求和标准有助于确保人工智能技术的健康、可持续发展，并促进人类社会的繁荣和进步。

　　（一）功利主义

　　1.功利主义概述

　　功利主义伦理学是一种以行为结果为导向的道德评

微课

解锁 AI 伦理之门：功利主义

价体系，以 18 至 19 世纪的哲学家杰里米·边沁和约翰·斯图亚特·密尔为代表人物。其基本理论主张是一个行为是否具有道德价值，取决于其带来的幸福感、满足感及痛苦减少的程度。此理论强调结果优先，而非动机或行为本身，即便动机不纯，若结果有益，仍可视为道德行为。它还尝试量化幸福，以便对比不同行为的影响大小，进而选择收益最大的方案。

作为一种道德学说，该理论的核心在于评价行为善恶取决于它能否带来最大化的幸福或快乐，这种最大幸福原则即遵循效用原则，倡导追求最大多数人的最大幸福，体现出对公平和正义的关注。然而，该理论也面临诸多争议：一方面，过于重视结果可能导致忽视行为的过程和动机，甚至可能使不道德行为因产生良好结果而获得认可；另一方面，过分追求集体幸福可能侵害个体权利和自由。

2. 人工智能决策中的功利主义考量

在人工智能的研究与应用中，功利主义的最大幸福原则扮演着重要的角色，涵盖广泛的实际应用场景。从追求最大化积极后果和最小化消极后果的功利主义效用原则出发，人工智能系统在决策时必须平衡多个关键方面，以确保人工智能系统决策的科学性、合理性和可接受性。以下考量因素至关重要。

首先，人工智能系统追求效用最大化，它会依据预定的效用函数评估不同决策方案的经济效益、社会效益、环境效益和健康效益等，以寻求整体最优解，即最大化总体的效用值。

其次，风险与收益评估是人工智能系统决策的核心。在资源分配、投资决策、风险管理等领域，人工智能系统会迅速权衡各种决策的潜在风险和收益。例如，在自动驾驶车辆的决策制定中，人工智能系统需严谨权衡各项关乎公众福祉的因素，包括乘客安全、行人安全及遵守交通法规等，力求实现最大程度的幸福结果。在智能医疗系统的诊疗决策中，人工智能系统需精确平衡疗效、药物副作用、经济成本等诸多要素，以期为患者提供最能优化其幸福感的治疗策略。

再次，人工智能系统还应注重考虑社会福利。在公共服务、政策制定、社会治理等领域，通过大数据分析，人工智能系统可以预测并优化政策或措施对社会整体福祉的影响，如在城市规划中确保基础设施布局既能提升居民生活质量又能兼顾环保和资源公平分配。

同时，道德和伦理的平衡也是人工智能系统决策的重要考量。人工智能系统在追求效用最大化的同时，也要严守道德和伦理底线。例如，在智能医疗系统的决策中，除了考虑治疗效果，还要考虑治疗方案对患者的心理、生理及生活质量的影响，以及尊重患者的自主权和知情同意权。

此外，多目标优化也是人工智能系统的考量之一。面对相互冲突的目标，如工业生产中的提高效率与减少环境污染，人工智能系统能够找到最佳的折中方案。

尽管功利主义最大幸福原则能为人工智能决策的技术实现和算法设计提供一个宏观的指导框架，但在实践中也遭遇了一系列显著的挑战与争议。首要挑战在于如何精准且公正地衡量与比较不同个体乃至社群的幸福感和福祉状态。此外，部分批评者认为，过度依赖结果导向的功利主义可能在一定程度上淡化了对行为本质道德属性的关注，以及对个体权利的尊重与保障。

因此，在将最大幸福原则融入人工智能领域时，人们必须严肃看待上述挑战与争议，寻找平衡各种利益诉求与价值取向的途径。与此同时，人们也亟待深化对人工智能伦理与道德规范的研究，确保人工智能技术的发展始终坚守增进人类福祉的初衷。

（二）康德义务论

1. 康德义务论概述

康德义务论是德国哲学家伊曼努尔·康德提出的道德哲学理论，它主张道德行为的价值不取决于行为的结果，而在于行为本身是否遵循了普遍的道德法则，即"绝对命令"，亦被称为"道

微课

解锁 AI 伦理之门：
康德义务论

德律"。作为检验道德行为正当性的标准，这种道德法则必须是普遍适用、必然有效的，且尊重所有理性存在者的尊严和自由。康德认为，真正的道德行为必须基于"意志的自律"，即行为动机出自对道德法则的无条件尊重和遵从，而非出于任何外在的利益、欲望或感情冲动。同时，他认为每个人都应将自己视为目的本身，而非单纯实现目的的手段。

举例来说，假设有一个人在考虑是否应该撒谎以获得某种利益，根据康德的"道德律"，这个人需要自问，撒谎的行为能否成为一条普遍规律？如果每个人都撒谎，那么社会将无法运转，因为没有人能够信任他人。因此，撒谎不能成为一条普遍规律，按照康德的"道德律"，这个人就不应该撒谎。康德的"道德律"强调意志自律和道德原则的普遍有效性，它体现了康德义务论伦理学的实质。

2. 人工智能中的"道德律"

在人工智能技术飞速发展，随之而来的伦理和道德问题日益凸显的背景下，康德的道德哲学思想，尤其是他的"绝对命令"理念，为人工智能的伦理和道德决策提供了重要的理论支撑。

首先，康德强调道德法则的普遍有效性，这一原则在人工智能的伦理设计中得到了体现。人工智能系统被要求遵循能够普遍适用的道德原则，如公平、不歧视、尊重隐私和人权等。这些原则构成了人工智能行为的底线，无论在何种情境下，人工智能都不能违背这些基本原则。例如，在自动化决策系统中，人工智能必须确保不会以牺牲个人或群体权益为代价换取整体效益，这体现了对普遍有效性原则的遵循。

康德

其次，康德"人作为目的而非手段"的观点也在人工智能的开发和应用中得到了贯彻。人工智能被要求尊重人类的尊严和价值，避免将人视为纯粹的数据点或功能性的工具。这意味着在人工智能系统的设计和应用过程中，人类的权益和福祉应始终被放在首位。例如，在无人驾驶汽车的设计中，人工智能被训练为在遇到危险时选择最小伤害的方案，这体现了对人的生命安全的尊重。

此外，康德的义务论强调意志的自律，这对人工智能的道德推理能力也提出了要求。尽管目前人工智能尚不具备完全的道德意识，但可以通过编程使其遵循既定的道德规范和法律法规。科学家和工程师正在尝试将康德的道德原则转化为算法和程序，设计能够处理道德困境的人工智能系统。这些系统能够在不受外部利益驱使的情况下，基于内在的道德原则自行决策，体现了自律与道德推理的理念。例如，在智能医疗系统中，人工智能应能够在尊重患者权益的前提下做出合理的决策，这就需要人工智能具备一定的道德推理能力。

总之，将康德的"道德律"应用于人工智能领域，不仅有助于指导制定和实施能够体现普遍道德价值和尊重人类尊严的技术规范，还能确保人工智能在发展和应用过程中始终处于伦理和法律的监管之下。这对于避免技术滥用和伦理风险，确保人工智能更好地造福于人类社会具有重要意义。

（三）德性伦理学

1. 德性伦理学概述

德性伦理学是一种强调个人品德修养和内在美德的伦理学理论，主张通过对道德品质的培养和实践，实现个体的完善和社会的和谐。与前两种理论不同，德性伦理学更强调道德主体的品格和性格。在德性伦理学的视角中，一个道德上好的人，不仅是因

微课

解锁 AI 伦理之门：
德性论

为他的行为符合某种规则或产生了好的结果，更是因为他内在拥有一种好的品格或德性，这种品格或德性会推动他去做出道德上好的行为，而不是仅仅出于遵守规则或追求结果的目的。

因此，德性伦理学在判断一个行为是否道德时，不会仅依据单一的标准，如行为的结果或是否符合规则，相反，它会从更全面的角度考虑，包括行为者的动机、品格、性格及行为的环境等因素。这种全面的道德判断方法，使得德性伦理学在处理复杂的道德问题时，能够提供更深入、更细致的视角。

此外，德性伦理学还强调，道德不仅仅是遵守规则或做出正确的选择，更是一种生活方式和人生追求。通过培养和发展自己的德性，人们可以过上更加有意义、更加道德的生活。

古希腊哲学家柏拉图和亚里士多德的哲学思想都对德性伦理学产生了深远的影响。柏拉图认为，人的灵魂由理性、勇气和节制三部分组成，这三部分分别对应着智慧、勇

敢和节制的德性。通过培养和发展这些德性，人们可以达到一种更高的精神境界，实现个人的完善和社会的和谐。亚里士多德在德性伦理学方面有着更为系统和深入的阐述。他的《尼各马可伦理学》是德性伦理学的重要著作之一。在这本书中，亚里士多德详细论述了德性的本质、分类和培养方法。他认为，德性是一种品质，它使人们能够正确地选择并坚持做出道德上好的行为。亚里士多德将德性分为理智德性和道德德性两类，前者如智慧和理解，后者如慷慨和勇敢。他强调，通过实践和教育，人们可以培养和发展自己的德性，从而过上一种更加有德性的生活。

以孔子为代表的中国儒家思想也对德性伦理学有着重要贡献。在《论语》中，孔子强调了仁、义、礼、智、信等德性的重要性。他认为，一个人的品格和道德行为比其知识和技能更为重要，而通过培养自己的德性，人们可以实现个人的进步和社会的和谐。

美国哲学家麦金泰尔在道德哲学和伦理学领域有着突出的贡献，他的《追寻德性》一书是当代德性伦理学的重要著作之一。在这本书中，麦金泰尔对现代社会的道德困境进行了深入分析，他认为当代西方社会的道德危机，来源于一种严重的道德无序状态，并提出了德性伦理学作为一种解决方案的可能性。他强调了德性在应对复杂道德问题中的重要作用，并呼吁人们重视和培养自己的德性，以应对现代社会的挑战。

2. 人工智能的德性培养与发展

就目前而言，尽管人工智能本身并不具有人类的情感、意识和道德判断力，但为了确保人工智能技术的健康、可持续发展，并促进人类社会的繁荣和进步，必须重视人工智能的德性培养与发展。虽然德性伦理学主要关注人的品格和道德行为，但其对于善、正义和道德责任的思考可以为人工智能技术的发展和应用提供重要的伦理和道德支撑。通过借鉴德性伦理学的思想，人们可以努力塑造出更加负责任、公正且具有良好"品性"的人工智能，使之更好地服务于人类社会，并在互动中体现出更高级别的道德智慧。

首先，明确人工智能的"美德"定义至关重要。借鉴人类的道德规范，人们可以将诚实、公正、同情、谦逊、宽容和审慎等美德理念融入人工智能系统的设计中。这意味着人工智能不仅应具备做出公平无偏决策的能力，还应尊重用户隐私，展示适度的自我约束，避免滥用权力，并在必要时展现理解和关怀之情。

其次，与功利主义和康德义务论不同，德性伦理学强调内在动机和品格的形成。对于人工智能而言，这要求人们不仅要在算法设计和学习过程中设定伦理约束，更要构建一种内在的学习机制。通过这种机制，人工智能能够在面对复杂情境时，依据内在的"美德"原则做出明智的选择，而不仅仅是依赖外在的规则和义务。

此外，人工智能的成长与学习过程也应模拟人类的道德发展过程。通过迭代更新和深度学习，人工智能可以不断提升自身的道德素质。为了实现这一目标，人们需要引入反馈机制，使人工智能能够根据环境变化和用户需求调整自己的行为模式，逐渐趋向于更为道德的决策和行动。这样的人工智能不仅能够适应不断变化的环境，还能在与人类的互动中不断提升其道德水平。

尽管人工智能无法像人类一样体验真正的情感，但人们可以通过模拟实现一定程度的道德情感反应来增强其道德敏感性。例如，通过情绪计算和语义分析等方式模拟同理心，可以使人工智能在处理人际交往和服务场景时展现出更人性化和关爱他人的特质，这将使人工智能成为更加贴近人类需求、更加值得信赖的伙伴。

最后，社会互动与教育对于人工智能的道德成长也至关重要。通过与用户的交互、与其他人工智能的协作及在多元文化背景下的应用实践，人工智能可以不断积累经验，提升其道德适应性和灵活性。这将使人工智能能够更好地融入人类社会，为人类带来更加积极有益的影响。

综上所述，将德性伦理学的核心理念融入人工智能的研发、训练和应用全过程中，是引导人工智能朝着更符合人类道德期待的方向发展的关键。通过明确美德定义、内在化伦理原则、模拟道德情感反应及加强社会互动与教育等措施，人们可以培养出更加道德、更加人性化的人工智能，使之为人类社会的进步和发展贡献积极力量。

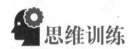
思维训练

目前，由于缺乏全球统一的人工智能伦理准则，各国在人工智能技术的研发和应用上存在着差异和分歧，这在一定程度上制约了国际合作与交流。因此，是否应该建立全球统一的人工智能伦理准则成为一个备受关注的话题。全球统一的人工智能伦理准则意味着各国在人工智能技术的发展上需要遵循共同的标准和原则，这有助于促进国际合作与互信，减少技术壁垒和贸易障碍。然而，由于不同国家和地区具有不同的文化、价值观和法律体系，建立全球统一的人工智能伦理准则面临着诸多挑战和困难。

💡【辩一辩】是否应该建立全球统一的人工智能伦理准则？

三、人工智能伦理的发展历程

人工智能伦理从科幻设想起步，随技术发展历经计算机伦理延伸、大数据算法挑战，现聚焦深度学习伦理、公平与透明，全球范围内推动准则制定、立法监管与跨学科合作，整个发展历程可以大致分为以下几个阶段。

（一）孕育阶段（1956 年以前）

这一阶段主要是人们对人工智能的幻想和探索，包括古代神话传说中的机器人和自动机，以及文艺复兴时期的自动人形机器人。西方最古老的接近人工智能的故事来自公元前 8 世纪的《伊利亚特》，这是荷马史诗中讲述特洛伊战争的故事。书中写道，身有残疾的工匠之神赫淮斯托斯用黄金打造了一批机械女仆，帮助他锻造器物，她们有心能解意，有嘴能说话，有手能使力，精通手工制造。到了 18 世纪，一名叫约瑟夫·默林格的钟表匠制造出了一台扬琴演奏自动装置，它能模仿人类动作演奏 8 首作品。进入 20 世纪，人们对智能机器的想象共振达到了前所未有的高度，工业革命与战争机械化同时上演。捷克作家卡雷尔·恰佩克在其 1920 年的剧作《罗素姆的万能机器人》中首次提出了"机器人"（robot）一词。

18 世纪德国橱柜制造师大卫·罗森根为法国国王路易十六的妻子玛丽·安托瓦内特制作的一款自动机械人，这款机械人可以弹奏一种桌面齐特琴

可以说，制造仿人机器（智能机器）是人类从古至今的梦想，而这些梦想和探索为人工智能伦理的萌芽提供了基础。

（二）起步阶段（1956 年至 20 世纪 80 年代）

这一阶段是人工智能技术的初步发展和应用阶段，人们开始意识到人工智能技术可能带来的伦理问题。例如，在医疗、军事、金融等领域的应用中，人工智能的决策和行为可能会对人类产生深远的影响。这一阶段，人们开始探讨人工智能的道德和责任问题，并提出了一些基本的道德原则和规范。

1950 年，艾伦·图灵在《Computing Machinery and Intelligence》一文中提出了著名的图灵测试，初步触及关于机器智能的伦理边界问题。1956 年，在美国达特茅斯召开的人工智能会议标志着人工智能的诞生。面对人工智能的严峻挑战，不少组织与个人开始讨论人机关系、机器人道德及未来可能出现的人工智能伦理困境问题，并且尝试性地提出了应对策略或伦理准则。其中影响力较大的是美国科幻作家阿西莫夫提出的"机器人三定律"："机器人不得伤害人类个体或坐视人类个体受到伤害；在与第一定律不相冲突的情况下，机器人必须服从人类的命令；在不违反第一和第二定律的情况下，机器人有自我保护的义务。"[①] 鉴于以上三定律明显还不够成熟，阿西莫夫后续又增加了一条根本性定律，即机器人不得伤害或侵犯人类。

（三）发展阶段（20世纪80年代至21世纪初）

这一时期是人工智能伦理发展的关键时期，人们对人工智能伦理的关注逐渐增加，一系列伦理原则和指导方针陆续出现，这些都对人工智能技术的发展和应用产生了深远的影响。

在20世纪80年代，随着人工智能技术从刚刚开始崭露头角到快速发展和进步，人工智能的实际应用领域逐步扩大，人们开始意识并关注到人工智能可能带来的伦理挑战，这个阶段的研究主要集中在人工智能的决策过程和隐私问题上。例如，人们开始关注如何确保人工智能系统做出的决策是公正透明的，以及如何保护个人隐私不被侵犯。约瑟夫·魏岑鲍姆的著作《计算机能力与人类理性》反思了人工智能开发人员的道德责任，成为这一时期人工智能伦理发展的代表作品之一。

在20世纪90年代，人们主要关注人工智能系统在决策和预测方面的应用，以及这些系统可能带来的偏见和不公平。同时，一些研究开始探讨人工智能系统对隐私和个人数据的潜在侵犯，以及对社会公平和公正的影响，如失业率上升、隐私问题、安全问题等。

（四）深化阶段（21世纪初至今）

自21世纪初以来，人工智能伦理已经成为一个跨学科的综合议题，形成了多维度、多层次的治理体系，并在全球范围内不断演进和发展。

随着机器学习、大数据等技术的日渐兴起，人工智能技术在招聘、信用评估和刑事司法系统的应用中出现了许多争议案例，这些案例凸显了算法歧视、不公平性和不可解释性等问题，引起了公众的广泛讨论和政策制定者的关注。斯坦福大学以人为本智能研究所等学术机构的研究深化了人们对人工智能伦理问题的理解，包括但不限于人工智能安全性、自主武器系统的道德考量、人机交互伦理及人工智能对人类价值观和尊严的影响。各国政府开始采取措施应对人工智能伦理挑战，如英国发布了《人工智能道德准则》，日本提出了构建安全有效的人工智能国际社会的目标，而中国也在不断完善相关法律法规，强化人工智能治理。国际上也出现了一系列合作倡议，如经合组织（OECD）的人工智能原则、联合国教科文组织关于人工智能伦理的建议书等，旨在为全球范围内的人工智能伦理研究提供指导和标准。此外，世界各地涌现出许多专注于人工智能伦理研究的中心和实验室，不仅进行理论研究，还积极参与政策咨询和技术研

[①] 艾萨克·阿西莫夫.银河帝国8：我，"机器人".叶李华译.江苏：江苏文艺出版社，2013年，第13页.

发。而谷歌、微软、亚马逊等科技巨头公司也纷纷发布自己的人工智能伦理准则，并成立了专门团队来确保其产品和服务符合伦理标准。

人工智能伦理的发展历程表明，随着人工智能技术的快速发展和应用，伦理问题越来越受到重视。人们需要不断探讨和制定各种伦理规范和政策，以确保人工智能的发展和应用符合道德规范和法律规范，保障人类的权益和尊严。

延伸学习

恐怖谷理论是一个关于人类对机器人和非人类物体的感觉的假设，它于1970年由日本机器人专家森昌弘提出。1906年，Ernst Jentsch 在论文《恐怖谷心理学》中提出"恐怖谷"一词。1919年，弗洛伊德在论文《恐怖谷》中再次阐述了相关观点，后来成为著名理论。

该理论认为，由于机器人与人类在外表、动作上都相当相似，所以人类会对机器人产生正面情感，而当机器人与人类的相似程度达到特定程度的时候，人类对机器人的反应会突然变得极其负面和反感，哪怕机器人与人类只有微小的差别，都会显得非常刺目，让整个机器人显得非常僵硬恐怖，给人一种面对行尸走肉的感觉。比如，人形玩具或机器人的仿真程度越高，人类对其越有好感，但在相似度接近100%时，这种好感度会突然降低，他们越像人类反而越让人反感和恐惧，好感度降至谷底，这被称为恐怖谷。可是，当机器人的外表、动作与人类的相似度继续上升时，人类对他们的情感反应又会变回正向，贴近人类与人类之间的移情作用。正因为如此，许多机器人专家在制造机器人时，都尽量避免"机器人"外表太过人格化，以免跌入"恐怖谷陷阱"。

第二节　人工智能伦理的主要分类

案例分析

Clearview AI 是一家专注于面部识别技术的美国公司，成立于2016年。该公司以其独特且极具争议性的业务模式闻名，该模式涉及从公开可用的网络资源，尤其是社交媒体平台上大规模抓取用户照片来创建一个庞大的人脸图像数据库。

截至2024年1月，Clearview AI 未经社交媒体用户明确同意，已通过网络爬虫技术收集超过30亿张的个人照片。这些照片主要来源于包括 Facebook、Twitter、Instagram 等在内的社交平台及其他公共网页。该公司将所构建的人脸数据库与先进的人脸识别算法相结合，开发出一款强大的工具，并将其出售给全球范围内的执法机构及部分私企，用于协助进行身份识别和犯罪调查。

英国的数据保护监管机构对 Clearview AI 进行了严厉审查，并在 2022 年 5 月以违反《通用数据保护条例》对其处以约 755 万英镑的罚款，同时要求其删除所有英国居民的相关信息。在美国，Clearview AI 也面临多起诉讼，因其未经用户许可收集并使用个人生物特征数据的行为涉嫌侵犯隐私权。在遭受一系列法律挑战后，Clearview AI 最终同意不再向私营企业出售其人脸识别技术。

Clearview AI 的行为引发了全球范围内对于数据隐私、知情同意原则及监控技术滥用的激烈讨论。批评者认为，尽管 Clearview AI 声称其所使用的是公开可获取的照片，但这种大规模无差别地收集个人信息和建立潜在监控网络的做法严重侵犯了公民权利，且可能导致误判或被滥用于非正当目的。

 学习任务

在线学习	自学或共学课程网络教学平台的第三章第二节资源。
小组探究	以小组为单位，结合上述案例选择下列问题中的一个展开探究。 **问题一**：在人工智能时代，企业是否有权未经用户明确同意，从公开网络资源中大规模收集个人生物特征数据（如面部图像）？企业在利用此类数据开发和销售产品时，如何平衡商业利益与用户的数据隐私权益？ **问题二**：企业在开发具有潜在侵犯隐私功能的人工智能产品时，在研发阶段是否应当主动预判其可能带来的伦理后果，并采取措施进行预防？ **问题三**：探讨Clearview AI公司行为背后的伦理问题及社会影响，给出可能的解决方案和改进措施。
实践训练	假设你是社交媒体平台上的一名普通用户，或是一名关注公民隐私权的公益人士，撰写一封致Clearview AI公司CEO或其他利益相关者的公开信，表达你对于大规模无授权收集人脸图像数据行为的关切和诉求。

 **知识探究**

一、数据伦理

（一）数据伦理的概念及发展历程

1. 什么是数据伦理

数据伦理（Data Ethics）是指在数据收集、处理、分析和应用过程中，遵循的道德规范和行为准则。它关注的核心是如何在尊重个人隐私、确保数据安全、促进公平正义和推动社会进步的同时，合理利用数据资源。

2. 数据伦理的发展历程

数据伦理的发展与信息技术的进步紧密相关。随着互联网和大数据技术的发展，数据伦理问题逐渐成为公众和学术界的关注焦点。早期，数据伦理主要关注个人隐私保护，如欧盟的《通用数据保护条例》就是一个里程碑。目前，随着人工智能和机器学习的应用日益广泛，对数据伦理的讨论扩展到了算法透明度、偏见和歧视，以及数据驱动决策的伦理影响等方面。

（二）数据伦理问题

1. 数据隐私

数据隐私是指个人对其个人信息的控制权。在数据伦理中，保护用户数据不被未经授权地收集、使用和泄露是至关重要的。2018 年，Facebook 被曝出一起严重的数据泄露事件，剑桥分析（Cambridge Analytica）公司未经用户同意，非法获取数千万用户的个人数据，用于定向发布政治广告。这一事件引发了全球对社交媒体平台如何处理用户数据的广泛关注。

2. 数据独裁和大数据杀熟

数据独裁（Data Dictatorship）是指数据控制者利用其对数据的控制力来影响或操纵用户行为。在大数据时代，数据量的爆炸式增长导致人们做出判断和选择的难度陡增，这迫使人们必须依赖数据的预测和结论才能做出最终的决策，也就是说，让数据领导甚至统治人们，从而走向唯数据主义[1]。

大数据杀熟是指基于用户数据进行个性化定价，导致同一商品或服务对不同用户展示不同价格的现象，这可能侵犯了消费者的公平交易权。有报道称，亚马逊会根据用户的购物历史和行为模式动态调整商品价格。例如，对于频繁浏览某商品的用户，可能会

---

[1] 古天龙.人工智能伦理导论.北京：高等教育出版社，2002 年，第 94 页.

看到更高的价格，这种现象就是大数据杀熟。

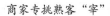

商家专挑熟客"宰"

 **思维训练**

　　2023 年，随着"双十一"购物季的提前启动，网络上悄然流行起了一场名为"电饭煲消费指数测试"的互动热潮。该测试基于一个不成文的规定：在某知名电商平台搜索"电饭煲"关键词后，若出现的商品价格大多位于三百元以下，则被戏谑为用户的消费习惯倾向于"经济适用型"，而如果推荐结果中电饭煲价格普遍高于三百元，则表明用户可能已脱离这一层级。这个测试的背后原理，是电商大数据精准推送机制的应用体现——用户的浏览历史、购买记录等信息会被算法分析并用于优化个性化推荐，也就是说，过往对高价商品的关注与购买行为越多，当前所获得的电饭煲推荐列表就会越偏向高端。这一现象已成为网民们心照不宣的大数据运用常识，并构成了本次"电饭煲消费指数测试"的核心基础。

　　【议一议】电商平台如何在合法合理地收集和分析用户消费行为数据以提供个性化推荐的同时，充分尊重并保护用户的个人隐私？算法推送的商品价格区间是否加剧了社会阶层分化现象？算法是否会无意识地加深消费等级观念，并可能形成某种形式的"数字歧视"？

3. 数据权利

数据权利强调个人或组织对其数据的所有权和控制权，包括数据的生成、使用、收益和安全等。在大数据时代，数据已成为一种新的重要生产要素，谁握有大数据，谁就能更大限度地挖掘海量数据中的潜在价值，使其变成现实价值，服务于所有者的生产和生活。数据成为与自然资源同等重要的宝贵财富。2018年，欧盟实施了《通用数据保护条例》，赋予用户对个人数据的更多控制权，包括访问权、更正权、删除权和可携带权，这标志着数据权利在法律层面得到了实质性的强化。

4. 数字鸿沟

数字鸿沟也称信息鸿沟，是指不同社会群体之间在拥有和使用现代信息技术方面存在的差距。这种差距可能导致社会不平等，特别是在教育、就业和经济机会方面。数字鸿沟实质上是一种技术鸿沟，是数字技术成果不能为人公平分享，于是在使用过程中出现"富者越富，穷者越穷"的现象。以全球互联网接入技术为例，在一些发展中国家，由于基础设施不足，互联网接入率远低于发达国家，这使得发展中国家的落后差距越来越大。这种数字鸿沟不仅限制了当地居民获取信息和服务的机会，也影响了他们的教育和经济发展。

（三）数据伦理问题的应对原则

1. 知情同意

知情同意原则要求在收集和使用个人数据之前，必须获得数据主体的明确同意。这包括告知数据主体数据被收集和使用的目的、方式及相关的信息。谷歌在更新其隐私政策时，强调要明确告知用户其数据如何被收集和使用，并提供了更详细的隐私设置选项，以确保用户在知情同意下做出选择。

2. 公正无害

在处理数据时，应确保所有决策过程公平、透明，避免对特定群体产生不利影响。这涉及算法公平性，即确保算法不会因性别、种族、年龄等因素而产生歧视。在信息时代，数据权利的实现往往是不平等的，必须依靠公平正义原则对其加以规制，既保证数据资源的公正分配，也保证数据使用的安全，不出现数据干扰、破坏、霸占和隐私泄露等问题。当今社会，机器学习模型已在医疗、金融、人力资源等社会各个领域发挥越来越重要的作用，并产生了一定的伦理问题，如是否对女性产生工作歧视、是否泄露个人隐私等。微软在设计人工智能时提出公平性工具包概念，强调在设计人工智能时必须遵循以下原则：fairness（公平），reliability and safety（可靠与安全），privacy（隐私），security（保障），inclusiveness（包容性），transparency and accountability（透明性和问责制），旨在帮助开发者检测和减少机器学习模型中的偏见，确保算法决策的公正无害。

智慧锦囊

人工智能发展的关键在于实现智能系统的透明度和可解释性，从而确保其决策过程符合伦理准则。

——罗睿兰，IBM前首席执行官

3. 人道共享

人道共享原则强调大数据技术的应用、创新和研发必须以提升人类的幸福和提高人类生活质量为最终目的，应增进人类福祉，而不是用于损害个人或社会的利益。这要求数据的使用应符合社会伦理标准，尊重人权，并且有助于解决全球性问题，如气候变化、疾病控制等。全球疫苗联盟提出，利用数据分析来优化疫苗分配，以确保资源能够更公平地分配给全球最需要的地区，这体现了数据用于人道主义目的的共享精神。

二、算法伦理

微课

当算法遇上伦理：
代码与良知的平衡

（一）算法伦理的概念及发展历程

1. 什么是算法伦理

算法伦理（Algorithmic Ethics）关注算法在设计、开发和应用过程中的道德和伦理影响。它涉及确保算法决策的公正性、避免歧视、保护隐私、确保透明度和可解释性，以及促进算法的社会责任。

2. 算法伦理的发展历程

算法伦理作为一个新兴领域，随着人工智能和机器学习技术的快速发展而逐渐兴起。早期，算法伦理主要关注算法在特定应用中的公平性和透明度，如金融、医疗和司法领域。随着算法在社会决策过程中的作用日益增强，如招聘、信贷评估、司法判决等，算法伦理问题开始受到更广泛的关注。近年来，随着算法透明度、可解释性和可审计性的需求增加，算法伦理已经成为一个跨学科的研究领域，涉及计算机科学、哲学、法律、社会学等多个领域。

（二）算法伦理问题

1. 算法歧视

算法歧视是指算法在处理数据时，由于数据集的偏差或算法设计不当，导致对某些群体产生不公平或不利的影响。这可能表现为在招聘、信贷评估、司法判决等领域的不平等待遇。如在招聘过程中，某些算法可能会基于性别、种族、年龄等敏感特征对候选人进行不公平筛选，导致歧视现象。亚马逊的人工智能招聘工具被发现对女性候选人有偏见，因为该工具在训练过程中学习了过去十年的招聘数据，这些数据中包含了性别偏见。

2. 算法控制

算法控制是指算法对人类行为和决策过程的潜在影响。在某些情况下，算法可能过度塑造用户的信息接收和消费习惯，限制个体的自主选择，甚至在政治和社会运动中被用作操纵工具。各类平台后台运行的高效智能算法能对人进行各种标签分类，进而对相关个体或人群进行更具针对性的内容推荐、行为引导乃至控制。例如，谷歌旗下的视频分享平台 YouTube 曾被指出向用户推送假新闻，谷歌图片搜索的图像识别算法曾错误地将黑人标记为"大猩猩"，这类事件引发了人们对审查机制和种族歧视的广泛讨论。

3. 算法偏见

算法偏见是算法歧视的后果之一，是指算法在处理和解释数据时，由于数据集的不均衡或算法设计的问题，导致输出结果存在系统性的偏向。算法偏见可能源于历史数据中的歧视性模式，或算法在处理复杂社会现象时的简化假设。如果一个智能金融贷款系统所训练的数据都是基于财产水平和受教育程度较高的某些"高端用户"群体，那么一些急需贷款但不属于这个群体的用户就会被认为没有足够偿还能力而被拒绝发放贷款，这就是算法偏见问题。

4. 算法欺骗

算法欺骗是指利用算法制造虚假信息或误导性内容，使用户上当受骗。现代社会中，智能算法软件的功能正变得越来越强大，拟声、换脸、生成假图片、炮制假新闻，早已不是新鲜事。美图秀秀能让人貌美如花，Deepfake 视频让人在视觉上难以区分真伪，这些在娱乐成分上可能无伤大雅，但如果被居心叵测的人加以利用，则可能对个人声誉、公共安全和社会信任造成严重损害。

（三）算法伦理问题的应对原则

1. 公平性与非歧视

算法应当避免因数据偏见导致的不公平或歧视现象。这意味着设计者需要确保算法决策不基于性别、种族、宗教等敏感属性，而是依据公正合理的标准。

2. 透明度与可解释性

算法决策过程应尽可能公开透明，并且能够向受影响的个体和群体提供清晰的解释说明。这既有助于提升公众信任，也便于监管机构进行有效监督和审计。

3. 隐私保护与责任归属

在算法的设计、开发和应用过程中，应尊重并严格保护用户隐私，遵循最小必要原则处理个人数据，并确保明确告知与获得同意。此外，应建立完善的法律责任框架，明确算法相关问题的责任归属，以全面保障用户权益。

4. 参与设计与持续优化

在算法的设计、审查与优化过程中，鼓励多方利益相关者积极参与，包括社会公众、各领域专家等，以确保算法决策符合社会公义和伦理要求。同时，随着技术进步和社会需求的变化，应不断对算法进行评估、调整和优化，以修正潜在的伦理问题并满足新的伦理标准。

总之，算法伦理强调的是在追求技术创新的同时，坚守人类道德价值和社会公共利益，用以上原则指导实践，努力实现算法与伦理道德的和谐共生。

三、机器人伦理

（一）机器人伦理的概念及发展历程

1. 什么是机器人伦理

机器人伦理（Robot Ethics）主要研究机器人在设计、制造、使用和与人类互动过程中应遵循的道德和伦理准则。它涉及机器人的行为是否符合人类的价值观，以及机器人如何影响人类的社会、文化和经济生活。

微课

机器人也能拥有人类的道德吗？

2. 机器人伦理的发展历程

1942 年，阿西莫夫在短篇小说《转圈圈》中首次明确阐述了著名的"机器人三定律"。1987 年，沃尔德罗普在《人工智能杂志》上发表文章《一个负责任问题》，文中正式提出"机器人伦理"这一概念。自 21 世纪以来，欧美、日韩等地的学者先后召开机器人伦理学术研讨会，研究机器人伦理发展问题。

机器人伦理作为一个领域，随着机器人技术的进步和机器人在日常生活中的应用日益广泛而逐渐发展起来。从最初的工业机器人到现代的社交机器人和护理机器人，机器人伦理问题逐渐从技术层面扩展到社会伦理层面。随着机器人开始承担更多人类角色，如护理、教育和陪伴，其伦理问题变得更加复杂和紧迫。

（二）机器人伦理问题

1. 机器人权利问题

机器人权利问题主要探讨是否应该赋予机器人某种法律地位或某些权利，以及这些权利的范围和限制。这涉及机器人是否应被视为具有自主性的实体，以及它们是否应承担法律责任？机器人是否应该拥有权利？什么样的机器人可以拥有权利？机器人的权利与人的权利、动物的权利有哪些异同？如何赋予、保护、限制、解除机器人的权利？

2. 机器人情感问题

机器人情感问题主要关注机器人是否能够模拟或产生情感及其对人类社会的影响。例如，情侣机器人可能引发关于人类情感和关系的伦理讨论，而护理机器人在照顾儿童或老人时可能带来依赖性和情感替代问题。已婚人士是否可以拥有情侣机器人？机器人看护儿童、老人会产生什么样的负面效应？有实验表明，被机器人照顾长大的猴子，无法与其他同类交流或交配。

紫雾探幽

机器人情感问题

思维训练

在电影《Her》中，主角与一个高度智能化的人工智能系统建立起了深度的情感联系。这个人工智能系统以其无比的适应性和无尽的理解力，为男主角提供了恰如其分的情感支持和陪伴，以至于他逐渐对其产生了深深的爱恋。起初，这段与人工智能系统和谐融洽的关系使男主角沉浸其中，似乎忘记了他们之间本质上的差异——一个是具备情感、意识的生命体，而另一个则是基于算法和数据驱动的机器智能。

尽管男主角明确认识到"她"并非人类，但他仍难以抗拒地以人类的情感模式去理解和接纳"她"，甚至用人类的标准去衡量和期待"她"的行为表现。这种跨越物种界限的情感交织，不仅揭示了人工智能技术潜在的深刻影响，也引发了人们对人性、爱情及未来人机关系的深层思考。

【想一想】你愿意找一个真实的人谈恋爱，还是找一个能满足你情绪价值的人工智能恋人？如果在虚拟世界中，人们能获得各种真实体验，人类是否还需要借由现实生活来获得心理慰藉？机器人伴侣是否会导致对现实生活中人际关系的疏离，甚至导致社交隔离？

3.人机关系问题

人机关系问题主要探讨人类与机器人之间的互动和依赖关系，以及这种关系对人类社会结构和个体心理健康的影响。随着机器人越来越广泛地进入人类的生产和生活领域，人机互动会产生哪些正面和负面效应？如何规避负面效应？例如，过度依赖机器人可能导致人际交往能力的退化，那么应建立什么样的机制来规避人类对机器人的过度依赖呢？

4.对人类就业的影响

机器人对人类就业的影响主要体现在自动化和智能化技术可能导致某些职业的消失，同时也可能创造新的就业机会。这涉及劳动力市场的转型和社会对失业问题的应对策略。

（三）机器人伦理问题的应对原则

1.联合国及有关国家制定机器人伦理规则

2007年4月，日本经济产业省颁布《下一代机器人安全问题指导方针（草案）》，要求所有机器人都要配备这样的设备：当要帮助或者保护人类的时候，它们必须提前告知人类它们的行为可能对被帮助人造成的伤害，然后让人类来决定机器人的行为。该草案要求所有的机器人制造商都必须遵守这一规定，机器人的中央数据库中必须载有机器人伤害人类的所有事故记录，以便让机器人避免类似事故重演，确保安全[①]。韩国政府于2010年起草了世界上第一份《机器人道德宪章》，以防止人类"虐待"机器人和机器人"伤害"人类。2017年9月，联合国教科文组织发布了《机器人伦理报告》，提出了对机器人带来的伦理问题的解决方法。目前，联合国和其他国际组织正在探讨制定全球性的机器人伦理规则，以确保机器人技术的发展符合人类的利益和价值观。这些规则可能包括对机器人行为的道德约束和对人类权益的保护。

2.我国关于机器人伦理的规定

我国也在积极制定和完善机器人伦理相关的法律法规，以指导国内机器人产业的健康发展，并保护公民的权益。2022年3月，中共中央办公厅、国务院办公厅印发《关于加强科技伦理治理的意见》，强调科技活动必须遵循增进人类福祉、尊重生命权利、坚持公平公正、合理控制风险、保持公开透明等原则。

3.突出安全性、主体性和建设性

研究、制造和使用机器人，首先强调安全性，应确保机器人在各种环境下的稳定运行和对人类安全无害；其次强调主体性，即机器人应尊重人类的自主权和选择权，人是人机互动的主体；其三是建设性，即机器人的发展应促进社会进步和增进人类福祉，而不是成为社会问题的源头。

---

① 莫宏伟，徐立芳.人工智能伦理导论.西安：西安电子科技大学出版社，2002年，第95页.

四、信息伦理

（一）信息伦理的概念及发展历程

1. 什么是信息伦理

信息伦理（Information Ethics）主要研究在信息时代，个体和组织在获取、处理、存储、传输和使用信息过程中应遵循的道德和伦理准则。它关注信息的隐私保护、知识产权、真实性和公正性，以及信息传播对个人和社会的影响。

2. 信息伦理的发展历程

信息伦理随着信息技术的发展而逐渐形成。起初，信息伦理以计算机伦理的面目出现，1985年德国信息科学家卡普罗发表《信息科学的道德问题》一文，研究在电子形式下信息的生产、存储、传播和使用的问题。1999年卡普罗又发表《数字图书馆的伦理学》，该文主要关注图书馆和档案管理中的信息管理问题。随着互联网和数字媒体的兴起，信息伦理扩展到网络空间，包括网络隐私、版权保护、网络欺诈和信息安全等议题。如今，随着大数据、人工智能和物联网技术的应用，信息伦理问题变得更加复杂，涉及数据伦理、算法透明度和自动化决策的伦理考量。

（二）信息伦理问题

1. 信息安全

信息安全是指保护信息免受未经授权地访问、使用、披露、破坏、修改或销毁，使信息系统能可靠正常地运行，保持信息服务不中断。在网络环境下，信息系统容易受到不法分子、信息系统自身病毒的攻击而产生信息安全问题。例如，用户在网络购物时个人信息被黑客窃取，导致身份失窃和经济损失。

2. 信息污染

信息污染是指虚假信息、误导性内容或有害信息在网络空间传播。在信息传播过程中，有毒有害或欺骗性信息超越传播伦理底线，对信息生态、信息资源及人的身心健康和社会秩序造成损害或其他不良影响。例如，假新闻在社交媒体上的快速传播，可能影响公众舆论和决策。

3. 信息鸿沟

信息鸿沟是指不同社会群体在获取和使用信息方面的差异，这可能导致社会不平等。信息鸿沟会因不同群体之间信息、知识、资源等的差距，造成生产、生活方式的差异，进而加剧贫富差距和两极分化。例如，农村地区居民可能因为缺乏互联网接入而无法享受到城市居民同等的教育和就业机会。

4. 信息霸权

信息霸权是指某些个体或组织通过控制信息的传播和解释来影响公众意见和政策制

定。例如，大型科技公司可能通过算法推荐系统来塑造用户的消费习惯，从而在一定程度上影响社会价值观。

（三）信息伦理问题的应对原则

1. 尊重与无害性

尊重所有信息相关者的权益，包括但不限于隐私权、知识产权等，并确保在信息的获取、处理、存储、传输和使用过程中对个人和社会均不造成伤害。这要求任何个人或组织不得侵犯他人的信息权益，同时采取措施预防和解决信息安全问题、信息污染问题及有害信息的传播问题。

2. 公正与透明性

信息的获取和使用必须公正无私，不受社会地位、经济条件、文化背景等因素的影响，并保证流程的透明性。这意味着要努力消除信息鸿沟，实现信息平等，同时公开相关政策和实践，以便公众进行监督和评估，防止信息操纵和霸权行为的发生。

3. 可持续与教育性

信息资源的开发和利用应符合可持续发展的要求，既要满足当前的信息需求，也要为未来信息资源的合理利用和保护留下空间。此外，需要加强信息伦理教育，提升公众的信息素养和伦理意识，引导人们正确、负责任地利用信息技术和信息资源。

4. 法律与治理

建立健全信息法律法规体系，并强化法律执行力度，以确保信息空间的安全和有序。这要求明确界定信息相关者的权利和义务，为信息伦理问题的解决提供法律保障，并严厉打击信息犯罪行为，维护信息社会的正常运行。

五、人工智能设计伦理

（一）人工智能设计伦理的概念及发展历程

1. 什么是人工智能设计伦理

人工智能设计伦理（Artificial Intelligence Design Ethics）关注在设计和开发人工智能系统时应遵循的道德和伦理准则。它涉及确保人工智能系统的决策过程透明、公正，以及其行为符合人类的价值观和道德标准，同时尊重用户的隐私和权利。人工智能设计伦理包括两方面问题：一是人工智能技术在被设计用于某种目的的产品或服务时，应遵循何种标准、规范或伦理原则，其中包括设计者本身的职业道德规范，这被称为"人工智能开发者设计伦理"；二是由于人工智能技术设计不当、存在缺陷或疏漏而可能带来的伦理问题，这被称为"人工智能技术设计伦理"。

2. 人工智能设计伦理的发展历程

人工智能设计伦理随着人工智能技术的发展而逐渐成熟。早期，设计伦理主要集中在确保人工智能系统的功能和效率上。随着人工智能在医疗、金融、法律等领域的应用，设计伦理开始关注系统可能带来的伦理风险，如歧视、隐私侵犯和决策透明度。近年来，随着人工智能技术的普及，设计伦理问题扩展到更广泛的社会、经济和文化领域，强调人工智能系统应增进人类福祉，避免造成社会不平等和伦理冲突。

（二）人工智能设计伦理问题

1. 人工智能设计的隐私保护

隐私保护要求人工智能系统在收集、处理和使用个人数据时，必须尊重用户的隐私权。例如，智能家居设备在为用户提供便利的同时，应确保用户的生活数据不被滥用。欧盟颁布的《通用数据保护条例》将隐私保护设计作为基本要求，强调要将人类价值嵌入系统的算法中，以使产品开发者预先主动承担保护用户隐私的道德与法律责任。《中华人民共和国宪法》《中华人民共和国民法典》和《中华人民共和国治安管理处罚法》等法律法规都有关于隐私保护的条款。

2. 人工智能设计的友善性

友善性强调人工智能系统应以用户为中心，设计时应考虑易用性、无障碍访问和情感支持，要以善为价值前提，不能背离人类价值观去开发和设计人工智能系统。例如，辅助残疾人的人工智能系统应确保其能够满足特殊用户的需求，为他们提供有效的帮助。

3. 人工智能设计的责任归属

责任归属是指在进行人工智能系统设计时要明确责任主体，制定相关法律法规予以界定，让人工智能系统的设计者和部署者承担应有的责任与义务。它涉及当人工智能系统出现错误或导致损害时，如何确定责任。例如，自动驾驶汽车在发生事故时，责任应如何界定，是归咎于人工智能系统、制造商还是用户？

（三）人工智能设计伦理问题的应对原则

1. 权利与尊严

在设计人工智能系统时，应尊重和保护用户的个人权利。这包括但不限于隐私权，即用户的数据应受到保护，不被未经授权地访问和使用；知情权，即用户应被充分告知其数据是如何被收集和使用的；选择权，即用户应有权决定是否参与到数据收集和人工智能决策过程中。例如，社交媒体平台应提供清晰的隐私设置选项，让用户能够控制自己的信息分享范围。此外，人工智能系统在设计时还应考虑用户的尊严，避免设计出可能侮辱或贬低特定群体的功能。

2. 友善与福祉

人工智能系统的设计应以人为本，旨在提升人类的生活质量和幸福感。在医疗领域，人工智能辅助诊断工具应经过严格的测试，确保其建议的准确性和安全性，同时考虑到患者的个体差异。在教育领域，人工智能个性化学习平台应帮助学生发掘潜能，而不是仅仅作为替代教师的工具。人工智能系统在设计时还应关注弱势群体，如为视障人士设计的语音识别软件，应确保其易于使用且功能全面。

3. 公平与正义

人工智能系统的设计应确保所有用户都能公平地受益于技术进步，避免因算法偏见导致不公正现象。在招聘领域，人工智能工具应通过多样化的数据集和公正的算法设计，确保不因性别、种族、年龄等因素而产生歧视。在金融服务领域，信用评分模型应避免对某些群体的不公平对待，确保信贷机会的平等。此外，人工智能系统在决策过程中的透明度也至关重要，以便用户理解其工作原理和决策依据。

4. 可持续与全人类观

人工智能系统的设计应考虑其对环境和社会的长期影响，推动可持续发展。在能源管理领域，人工智能系统可用于优化能源使用，减少浪费，如通过智能电网来管理平衡供需。在环境保护方面，人工智能系统可用于监测和预测气候变化，协助制定应对策略。人工智能系统的设计还应考虑全球范围内的公平性，确保技术的发展和应用能够惠及世界各地，特别是资源有限的发展中国家。此外，人工智能系统的生命周期管理，包括其生产、使用和废弃过程中的环境影响，也是设计时的重要考量方面。

延伸学习

在2021年11月19日召开的首届中国网络文明大会的数据与算法专题论坛上，中国网络社会组织联合会正式启动了《互联网信息服务算法应用自律公约》(简称《公约》)。《公约》的核心目标在于强化互联网信息服务行业的自我约束机制，激发平台和企业对社会责任的积极承担，并促进算法技术向更加公正、有益的方向发展，从而通过遵循主流价值导向来构建健康的算法生态环境。

《公约》首先着重强调了依法依规开展算法应用的重要性，倡导行业内部严格遵守法律法规，坚定践行社会主义核心价值观，尊重社会公共秩序和良好风俗，坚守商业道德规范。此外，《公约》亦包含了保护网民权益、加强网络安全防护及推动算法公平等方面的指导内容，这些方面与国家新一代人工智能治理专业委员会所发布的《新一代人工智能伦理规范》中提倡的"保障公平公正""确保个人隐私安全"和"增强可控性和可信度"等基本原则相呼应，并针对算法的研发、供应、使用等全过程提出了具体的操作性管理规则。

最后，《公约》鼓励推动算法技术研发的创新突破，倡议企业积极掌握关键核心技术，并在全球科技创新的大格局中占据一席之地。此次出台的《公约》，实质上标志着互联网信息服务领域在应对算法应用治理挑战时迈出了积极实践和探索的步伐，对于引导相关企业切实履责、强化行业自律及维护互联网信息服务市场的健康发展具有重要推动作用。

第三节　人工智能伦理的风险评估

紫雾探幽

 案例导入

　　2023 年 10 月 16 日，有家长发现科大讯飞学习机中出现了一篇标题为《蔺相如》的作文，其中包含诽谤伟人、歪曲历史等违背主流价值观的内容。这篇作文早在 2015 年就在互联网上发布，后来被第三方引入到科大讯飞学习机中，但科大讯飞公司未能及时发现并删除。直到事发前，该问题作文仍能在学习机文库中被搜索到。科大讯飞公司在回应中表示，发现问题后已经第一时间核实并下架了该作文，同时将相关第三方内容全部下线，并对公司相关负责人进行了处分。然而，10 月 24 日下午，在科大讯飞公司重要的年度活动（2023 科大讯飞全球 1024 开发者节）上，这个"旧闻"再次引发了舆论的热议，出现了许多极端污名化的言论。科大讯飞公司股价因此暴跌并触及跌停板，总市值蒸发约 120 亿元。

　　根据科大讯飞公司的说法，这些"有毒的内容"是由第三方引入到科大讯飞学习机中的。由于互联网上的内容良莠不齐，而人工智能公司又不断在互联网上抓取训练数据，无论是因为内容审查疏忽，还是被人故意植入有害内容，都可能导致大型语言模型生成有害内容。这种现象被称为"数据投毒"。

 学习任务

在线学习	自学或共学课程网络教学平台的第三章第三节资源。
小组探究	以小组为单位，结合上述案例选择下列问题中的一个展开探究。 **问题一**：为何科大讯飞学习机的内容审核系统未能有效识别并过滤掉《蔺相如》这篇含有不当内容的文章？ **问题二**：对于大规模采集互联网公开信息进行训练的人工智能产品，如何在保护数据隐私的同时，有效防止有害信息的"数据投毒"？ **问题三**：在数据驱动的人工智能应用中，如何确保算法决策过程和结果的公正性，尤其是在涉及价值观传递的教育场景下？
实践训练	自选一个具体的人工智能伦理风险，如"隐私保护""算法透明"等，制作一段 5~10 分钟的在线微课视频或互动式网页课件，用易于理解的语言和实例介绍主题内涵及其重要性。

知识探究

随着人工智能技术的快速发展和广泛应用，风险评估成为确保技术进步与社会福祉相协调的关键环节。通过系统地识别、分析和评估人工智能可能带来的伦理风险，人们可以更好地理解这些风险的性质、来源和潜在影响，从而制定有效的策略和政策来减轻或消除这些风险。风险评估不仅关注当前的技术实践，还应预见未来可能出现的挑战，包括但不限于隐私保护、数据安全、算法偏见、技术滥用及人工智能对人类社会结构和心理状态的长远影响。这种前瞻性的评估有助于构建一个更加负责任和可持续发展的人工智能生态系统，确保人工智能技术的发展能够为全人类带来积极的影响，同时避免或最小化其可能带来的负面影响。通过跨学科合作、公众参与和国际合作，人们可以共同塑造一个既创新开放又符合伦理规范的人工智能世界。

一、隐私泄露

隐私泄露风险是指人工智能系统在处理大量个人数据时可能发生信息泄露事件。隐私泄露风险是人工智能领域一个日益严峻的问题。随着人工智能技术在各个领域的深入应用，如医疗、金融、社交媒体等，人工智能系统需要处理的数据量呈指数级增长，其中包括用户的敏感信息。数据的集中存储和处理为黑客攻击提供了潜在的目标，而数据加密和存储技术的漏洞

微课

AI 伦理的十大风险
（一）

可能被利用，导致大规模的数据泄露事件。此外，内部人员的不当行为，无论是无意的疏忽还是有意的滥用，都可能成为隐私泄露的途径。

在这种情况下，用户的数据安全面临着严重威胁。一旦发生隐私泄露，不仅会导致用户的个人信息（如身份信息、财务数据、健康记录等）被非法获取，而且可能带来更广泛的社会问题。例如，身份盗窃可能导致受害者遭受经济损失，个人私密信息泄露可能损害其声誉和形象，甚至影响其社交和心理健康。此外，隐私泄露还可能引发公众对人工智能技术的不信任，影响整个行业的发展。例如，智能家居设备如智能音箱、智能摄像头等，它们在为人们提供便利的同时，也可能收集数据，分析用户的生活习惯和行为模式。如果这些设备的安全措施不足，或者用户对数据共享的权限设置不当，则可能导致个人数据被第三方获取，用于广告定向、市场分析甚至不道德的目的。这种风险在智能家居设备日益普及的今天尤为突出，需要用户、设备制造商和监管机构共同努力，确保个人数据的安全和隐私得到充分保护。

二、人身安全

人身安全风险是指人工智能系统在执行任务时可能对人类造成伤害。人身安全风险在人工智能技术发展中不可忽视，它直接关系到人类的生命和健康。随着人工智能系统在高风险领域的应用，如自动驾驶、医疗手术、工业自动化等，其决策和执行的准确性变得至关重要。在这些场景中，人工智能系统必须能够应对各种复杂和动态的环境，确保其操作的安全性。然而，由于算法的局限性、传感器的不完善及外部环境的不可预测性，人工智能系统可能在关键时刻出现失误。例如，在自动驾驶领域，尽管技术不断进步，但在复杂的城市交通环境中，人工智能系统可能难以准确判断行人的意图、预测其他车辆的行为，或者在恶劣天气条件下保持稳定运行。这些情况下的错误决策可能导致交通事故，不仅危及车内乘客的安全，还可能对行人和其他道路使用者造成伤害。此外，人工智能在医疗诊断和治疗过程中的错误建议，如误诊或治疗不当，可能导致患者健康受损，甚至危及生命。这些问题不仅对受害者及其家庭造成深远影响，还可能引发公众对人工智能技术的信任危机，对医疗行业的声誉和人工智能技术在医疗领域的应用产生负面影响。

自动驾驶风险评估是确保自动驾驶汽车安全运行的核心环节

为了应对人身安全风险，需要在人工智能系统的设计、测试和部署阶段采取严格的安全措施。这包括开发更加健壮的算法，确保传感器的可靠性，以及在实际应用前进行充分的测试。同时，应建立紧急干预机制，以便在人工智能系统出现异常时，人类操作者能够及时介入，防止潜在的事故发生。通过这些措施，可以在保障人身安全的同时，推动人工智能技术在高风险领域的负责任应用。

智慧锦囊

> 人工智能必须设计得能够理解和尊重人类的价值观和道德规范。否则，它将是我们最糟糕的梦想成真。
>
> ——埃隆·里夫·马斯克，特斯拉 CEO

三、偏见歧视

偏见歧视风险是指人工智能系统在决策过程中可能基于数据集中的偏见，对某些群体产生不公平的待遇。偏见歧视风险是人工智能领域一个亟待解决的伦理问题，它直接影响到人工智能系统的公正性和公平性。在人工智能系统的训练过程中，所使用的数据集往往反映了现实世界中的不平等和偏见。如果这些数据集未经仔细审查和平衡，人工智能系统可能会学习并放大这些偏见，从而在决策时对某些群体产生歧视。

例如，在金融领域，人工智能信用评分系统可能会因为历史数据中的偏见而对某些群体给出不利的信用评分，这不仅限制了这些群体获得贷款的机会，还可能加剧经济不平等。在招聘过程中，人工智能系统可能会基于性别、年龄、种族等敏感特征对候选人进行筛选，导致有才能的候选人因为这些非能力相关因素而被排除在外。2015 年，芝加哥法院使用的犯罪风险评估算法 COMPAS 被发现存在系统性歧视问题，其对黑人犯罪嫌疑人的评估结果更倾向于高估其犯罪风险，而对白人则更倾向于低估。美国卡内基梅隆大学的研究发现，谷歌的广告系统存在性别歧视问题，在推送"年薪 20 万美元以上的职位"招聘信息时，男性用户组收到 1852 次推送，而女性用户组仅收到 318 次推送。这意味着女性获得的推荐机会仅为男性的六分之一。这种偏见不仅损害了受影响群体的权益，还可能降低整个社会的多样性和创新力。

为了应对偏见歧视风险，需要在人工智能系统的设计和开发阶段采取一系列措施。首先，应确保训练数据集的多样性和代表性，避免数据集中的偏见；其次，算法设计应考虑到公平性原则，确保人工智能系统在决策时不受敏感特征的影响；再次，应实施透明度和可解释性原则，让用户和监管机构能够理解人工智能系统的决策过程；最后，应建

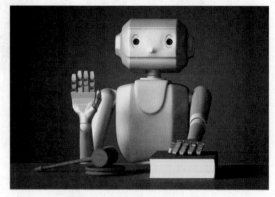

算法设计应考虑到公平性原则

立监管框架和加强法律保护，对人工智能系统的偏见歧视行为进行监督和纠正。通过这些努力，可以推动人工智能技术朝着更加公正和包容的方向发展，同时维护社会的和谐稳定。

四、算法黑箱

算法黑箱风险是指人工智能系统的决策过程不透明，导致用户无法理解其工作原理和决策依据。算法黑箱风险是人工智能领域一个关键的伦理挑战，它关乎人工智能系统的可解释性和用户对人工智能系统决策的信任度。在深度学习等复杂模型中，决策过程往往涉及大量的参数和非线性关系，这使得模型的内部工作机制难以被直观理解，用户难以追踪决策的具体路径。这种"黑箱"现象可能导致用户对人工智能系统的决策产生怀疑，尤其是在涉及重要决策的领域，如金融信贷、医疗诊断和司法判决。

例如，在金融领域，人工智能信用评分系统会基于复杂的算法对个人信用进行评估，但用户可能无法理解其评分的具体依据，这可能导致对评分结果的质疑。在医疗领域，人工智能辅助诊断系统会给出治疗建议，但医生和患者可能难以理解这些建议背后的逻辑，这可能导致对治疗建议的怀疑。在司法领域，当人工智能参与到案件的判决过程中时，其决策过程的不透明可能会引发公众对司法公正性的担忧。

缺乏透明度不仅影响用户对人工智能系统的信任，还可能使追究法律和伦理责任变得复杂。在做出错误决策时，如果无法解释人工智能系统的决策过程，就难以确定责任归属，这可能导致法律纠纷和道德争议。此外，监管机构可能会因为对人工智能系统的不信任而采取更严格的监管措施，这可能限制人工智能技术的创新和应用。

为了应对算法黑箱风险，设计者需要开发新的算法和工具，提高人工智能决策过程的可解释性。这包括创建可解释的人工智能模型，以及开发可视化工具来展示人工智能的决策路径。同时，政策制定者和监管机构应制定相应的指导原则和标准，要求人工智能系统在关键决策中提供足够的透明度。通过这些措施，可以增强公众对人工智能决策的信任，促进人工智能技术的健康发展，并确保其在各个领域的负责任应用。

五、技术滥用

技术滥用风险是指人工智能技术被用于非法或不道德的目的。技术滥用风险是人工智能发展中一个日益凸显的问题，它关注人工智能技术在不当使用时可能带来的负面影响。随着人工智能技术的普及和易用性的不断提高，恶意行为者更容易获取和利用这些技术来实现非法或不道德的目的。这种风险源于人工智能技术的双重性质：它既可以被用于提高生活质量、推动科学研究和解决复杂问题，也可以被用于制造虚假信息、侵犯隐私、进行网络攻击等恶意活动。

例如，深度伪造技术通过生成逼真的假视频，可以轻易地模仿公众人物或普通人的言行，这些视频可能被用于诽谤、敲诈勒索或政治操纵。这种技术的应用可能导致公众对真实信息的怀疑，损坏个人声誉，甚至影响政策制定。在国际关系领域，深度伪造技术可能被用于制造虚假的外交事件，煽动民族主义情绪，加剧国际紧张关系。

为了应对技术滥用风险，需要在技术、法律和社会层面采取综合措施。在技术层面，可以开发更先进的检测工具来识别和阻止深度伪造内容的传播。在法律层面，应制定相关法规，明确滥用人工智能技术行为的法律责任，并对此类行为进行严厉打击。在社会层面，需要提高公众对人工智能技术潜在风险的认识，教育公众如何辨别真伪信息，增强社会的整体信息素养。通过这些努力，可以最大限度地减少人工智能技术被滥用的可能性，维护社会秩序。

思维训练

由于不法分子利用非法获取的个人信息，通过计算机算法仿真冒充受骗者亲属、领导同事或公职人员诈骗的事件不断发生，有记者专门走访了一家为公安机关提供技术支持的科技公司，想了解骗子是如何变身的。在看到技术人员演示如何通过一台高配置的电脑，只需要一两分钟的时间，就合成了一段 10 秒的换脸视频，而且相似度可以达到 80%，完全可以以假乱真的时候，记者不由得感慨技术的力量太强大。随着人工智能技术的发展，视频聊天的实时变脸已不再是难事。据深圳某科技公司产品部经理刘某介绍，照片上传后，大概有 30 秒的时间对照片进行特征识别，然后建模，建模后就可以进行实时转换了。不管是你的头像，还是你在朋友圈的一张照片，都可以直接上传。

【想一想】人工智能技术的滥用可能导致对个人、社群或社会的伤害，开发和使用人工智能换脸技术的人是否有责任确保其应用不会对他人造成伤害？人工智能换脸技术是否会对社会公平产生负面影响？

六、自主决策

自主决策风险是指人工智能系统在缺乏人类监督的情况下，可能做出不符合人类价值观的决策。自主决策风险是人工智能领域一个深刻的伦理问题，它涉及人工智能系统在没有人类直接参与的情况下，如何确保其决策与人类的道德规范和法律标准相一致。随着人工智能技术在军事、医疗、交通等领域的应

微课

AI伦理的十大风险
（二）

用愈加广泛，人工智能系统越来越多地被赋予自主决策的能力。然而，这种自主性也带来了潜在的风险，即人工智能系统可能在没有充分理解人类价值观和道德规范的情况下，做出可能导致严重后果的决策。

在军事领域，无人机和自主武器系统的发展引起了人们的广泛关注。它们在战场上的自主决策能力，如自主识别和攻击目标，可能导致误伤平民或违反国际法。例如，如果无人机在执行任务时未能正确区分战斗人员和非战斗人员，可能会造成无辜平民的伤亡。这种决策不仅会引发法律责任争议，还可能引发道德责任争议，因为人工智能系统缺乏人类的同情心和道德判断。

在医疗领域，人工智能系统在诊断和治疗决策中的自主性同样引起了人们的担忧。例如，人工智能辅助诊断系统可能会基于算法推荐治疗方案，但如果这些决策没有经过医生的复核，则可能会忽视患者的个体差异和复杂情况，导致治疗不当。此外，作为医生，应该在多大程度上让人工智能辅助他为病人的病情诊断做出决定？如果诊断结果有冲突，作为患者，是听医生的诊断意见还是听人工智能的意见？而作为患者，如果听医生的，最后治疗失败，医生负有多大责任？如果听人工智能的，最后治疗失败，医生又负有多大责任？

2023 年 7 月，世界人工智能大会"大语言模型赋能医疗高质量发展"论坛在上海举办

为了降低自主决策风险，需要在人工智能系统的设计中融入伦理原则，确保其决策符合人类的道德规范和法律标准。这包括开发可解释的人工智能模型，以便人们可以理解和监督其决策过程；建立严格的监管框架，对人工智能系统的决策进行审查和控制，特别是在高风险领域；对人工智能系统的设计者和操作者进行伦理培训，提高他们对潜在风险的认识。通过这些措施，可以在发挥人工智能技术优势的同时，确保其决策符合人类的价值观。

七、认知退化

认知退化风险是指过度依赖人工智能可能导致人类认知能力的下降。认知退化风险是人工智能技术普及带来的一个潜在社会问题，它关注的是人们在面对问题和挑战时，过度依赖人工智能系统而忽视了自身认知能力的发展。随着人工智能技术在教育、工作和日常生活中的广泛应用，人们越来越多地依赖人工智能来提供答案和解决方案。这种依赖可能会削弱个体的批判性思维、创造性思维和问题解决能力。

例如，在教育领域，学生可能习惯于使用人工智能辅助工具来完成作业和考试，而不是通过自己的努力来理解和掌握知识。在职场，员工可能依赖人工智能工具来处理复杂的数据分析和决策任务，而不是通过自己的判断和经验来形成见解。长期依赖人工智能的决策支持，可能导致人们在面对新情况时缺乏应变能力，因为他们可能没有机会锻炼自己的决策和分析技能。

为了应对认知退化风险，需要在人工智能的设计和应用中平衡自动化和人类参与。在教育领域，应鼓励学生发展独立思考和解决问题的能力，而不是依赖人工智能工具。在职场，应鼓励员工在人工智能辅助下进行决策，同时培养他们的批判性思维和创新能力。此外，社会应提供持续的学习和发展机会，帮助个体适应不断变化的技术环境，提升认知能力。通过这些措施，可以确保人类在人工智能时代保持其独特的价值和竞争力，同时充分利用人工智能技术的优势。

八、生育问题

生育问题风险是指人工智能技术在生殖健康领域的应用可能带来的伦理争议。生育问题风险是人工智能技术在生殖健康领域应用时必须面对的伦理挑战。随着人工智能技术的广泛应用，特别是在基因编辑和辅助生殖方面的应用，人类对生育过程的控制能力达到了前所未有的水平。这种能力带来了一系列复杂的伦理问题，包括但不限于对人类基因组的修改、遗传信息的隐私保护及对后代的道德责任。

例如，基因编辑技术如 CRISPR-Cas9 使得科学家能够精确地修改胚胎的基因，这可能被用于预防遗传疾病或增强某些遗传特征。然而，这种技术的应用可能导致父母在孩子出生前就对其未来进行设计，从而产生所谓的"设计婴儿"。这种现象可能会引发社会分层，因为只有经济条件允许的家庭才能负担得起这些昂贵的基因编辑服务。这不仅可能加剧社会不平等，还可能导致对"完美"人类特征的追求，从而忽视了人类多样性的价值。

此外，基因编辑技术的应用还引发了关于人类自然生育权利的讨论。一些人认为，对人类基因组的修改是对自然法则的干预，可能带来未知的长期后果。而另一些人则认为，利用这些技术来预防疾病和增进人类福祉是科技进步的必然结果。这些争议需要在法律、伦理和社会层面进行深入的思考和探讨。

为了应对生育问题风险，需要建立国际性的伦理指导原则和监管框架，确保基因编辑技术的应用符合人类的共同价值观。同时，应加强对公众的教育和引导，提高人们对辅助生殖技术伦理问题的认识。通过这些措施，可以在推动科技进步的同时，坚守人类的伦理底线，维护社会的公平正义。

九、道德心理

道德心理风险是指人工智能系统可能影响人类的道德判断和心理状态。道德心理风险是人工智能技术发展中的一个重要伦理考量，它涉及人工智能系统如何塑造人类的道德行为和心理状态。随着人工智能在决策过程中的作用日益增强，人们可能会习惯于依赖人工智能的判断，甚至在道德和伦理问题上寻求人工智能的指导。这种趋势可能导致人类在面对道德困境时放弃自己的道德判断，转而依赖人工智能的输出，从而影响个人的道德发展。

在医疗领域，人工智能可能被用来辅助医生做出诊断和治疗决策，甚至在生命支持系统中断与否等生死攸关的问题上提供建议。在法律领域，人工智能可能参与到案件的判决过程中，影响司法公正。这些应用可能会使人类决策者在面对重大道德决策时，过分依赖人工智能的分析，而忽视了人类自身的道德直觉和伦理考量。

长期依赖人工智能进行道德决策，可能导致人类对道德责任的感知减弱，影响人际关系和社会凝聚力。例如，当人工智能在医疗决策中扮演关键角色时，医生可能会减少与患者的沟通，忽视患者的个人意愿和情感需求。在法律领域，人工智能的判决可能会忽略案件的复杂性和人性化因素，导致法律判决缺乏人情味。

为了应对道德心理风险，需要在人工智能的设计和应用中融入伦理原则，确保人工智能辅助决策的过程能够促进而非削弱人类的道德判断。同时，应加强对人工智能设计者和用户的伦理教育，提高他们对人工智能伦理问题的认识。此外，应建立监管机制，确保人工智能在关键领域的应用不会超越人类的道德底线和法律界限。通过这些措施，可以在利用人工智能技术提高决策效率的同时，维护人类的道德自主性并培养责任担当意识。

十、数字鸿沟

数字鸿沟风险是指技术发展可能加剧社会不平等，导致劳动力市场的分化，以及高技能劳动者和低技能劳动者之间的差距扩大。数字鸿沟风险是人工智能和自动化技术快速发展所带来的社会挑战，它主要表现为技术进步可能加剧社会经济不平等，特别是在劳动力市场中。这种风险涉及技术发展对不同技能水平劳动者的不同影响，可能导致社会结构和经济机会的进一步分化。

随着人工智能和自动化技术在各行各业的广泛应用，高技能劳动者，如数据科学家、软件工程师，可能会因为掌握先进技术而获得更多的就业机会和更高的收入。这些职业通常需要较好的教育背景和较高的专业技能，而这些都是低技能劳动者难以获得的。相反，低技能劳动者，如制造业工人、客服代表和一些行政职位的员工，可能会因为工作岗位被自动化技术取代而面临失业风险。

这种分化可能导致劳动力市场的结构性变化，高技能劳动者和低技能劳动者之间的收入差距可能会进一步扩大。社会分层加剧不仅影响个体的经济机会，还可能引发社会不满，影响社会稳定。长期来看，这可能导致社会资源分配不均，教育和培训机会不平等，以及社会流动性降低。

延伸学习

电影推荐：

电影《智爱2026》是一部于2021年上映的科幻喜剧片，该影片以2026年的未来社会为背景，通过三段独立但主题相连的故事来探讨人工智能技术进入家庭生活后给人类情感、伦理道德及生活方式带来的影响。主要剧情线索包括：一个失业的中年男子在邻居老王那里发现了一个与自己妻子长得一模一样的情感机器人，这引发了他对人工智能替代真实情感关系的醋意和思考；年轻夫妻张毅和苏小安互赠复制版的机器人以减少争吵，然而机器人无法真正替代人的情感交流，并由此引发了一系列意想不到的乌龙事件；机器人主妇冯芳作为家庭中的满分妈妈，负责操持家务并养育孩子，展示了人工智能如何渗透进传统家庭及可能产生的社会影响。

电影《智爱2026》表达的主题包括：科技发展与人性情感的较量，即人工智能是否能真正取代人类的情感联系，以及对人际关系的影响；伦理困境，主要涉及隐私、复制个人特征、情感替代品等方面的道德问题；未来家庭结构和社会形态的变化，即人工智能将给人们的生活方式带来怎样的改变，特别是在亲情、爱情等基本情感方面。

 课后拓展

1.组织辩论赛，参考辩题如下：

应当/不应当为高度智能机器人赋予法律人格

机器人技术的发展会/不会加剧社会不平等

2.以小组为单位，制作一部微电影或动画短片，通过虚构故事展示一个与机器人伦

理相关的社会问题，如机器人在家庭、医疗、教育等场景中的伦理冲突和解决方案。

3. 就人工智能在医疗领域的应用进行调研，并撰写一份报告，包括人工智能在医疗诊断、药物研发和健康管理中的应用，以及可能带来的伦理问题和风险。

 课后思考

1. 人工智能是否能够拥有内在的道德意识？如果不能，人们应如何将人类道德准则和价值观内化到人工智能系统中？

2. 当人工智能系统在决策过程中导致不良后果时，应由谁承担责任？是设计者的预设算法、用户的使用行为，还是系统的自主学习结果？人工智能的决策过程是否受到预定程序或数据训练的决定性影响，这对其伦理责任有何影响？

3. 随着人工智能技术的发展，未来可能出现具有高度智能和情感响应能力的机器人，它们在伦理体系中的位置应如何界定？如果人工智能达到了某种形式上的自我意识和情感体验，它们是否有资格拥有与人类相似的权利和尊严？

 课后测验

交互式测验：第三章第一节　　交互式测验：第三章第二节　　交互式测验：第三章第三节

第四章

墨镜映鉴：
人工智能伦理案例分析

AI

苏菲探索AI的奇妙之旅 **4**

学习头环：助学神器还是"紧箍咒"？

星期一的清晨，苏菲在夏日的晨光中醒来。她迅速穿上校服，背上书包，赶往学校。这所学校是爸爸专门为她选择的 AI 智慧学校，这所学校引入了一套"智慧行为课堂管理系统"。苏菲来到教室后，放下书包后的第一件事，不是提交作业，而是从教室内的亮灯储物柜中取出一个标记有她名字和一串编号的脑机接口头环。班里的每个学生都戴好了头环后，一天的学习就开始了。

这是一个可以通过监测脑电波来评估苏菲学习专注程度的设备。无论是上课还是写作业，她的专注度都会被头环捕捉并转化为可视化的数据，再通过无线网络将数据实时传输到老师的电脑上，如同一个隐形的观察者，时刻追踪着苏菲的思维动态。老师通过这些数据，可以清晰地看到苏菲在学习时的状态。每当苏菲集中注意力时，数据就会上升；当她分心时，数据则会下降。老师根据这些数据给苏菲的注意力集中情况打分，并及时调整教学策略，帮助学生保持专注度。

午休时间，苏菲和朋友们在操场上玩耍，他们的笑声响彻整个校园。在这个时候，头环仿佛也感受到了苏菲的快乐，数据波动得格外活跃。放学后，苏菲回到家打开电脑，看到还未下班的妈妈已经给自己发来了自己一天的学习表现及评分。当看到自己在数学课上得分很高时，她在心里为自己感到骄傲。然而，当看到自己在语文课上得分较低时，她也不禁有些失落。此时，她注意到手上的智能手表在她心情起伏时的数据变化，在看到语文课专注力得分时，她的压力指数飙升。

完成了家庭作业和额外的练习题目，苏菲洗漱完躺在床上，回想这一天充满了新奇和挑战的经历，她暗暗下定决心，明天一定要更加努力专心地学习，让头环呈现的分数比今天更好。然而，这种"被监控"的感觉也让她有些不安，甚至压力倍增。

戴着头环学习，使苏菲有了数据化和可视化的评价反馈，但一些人表示"这虽然能够对学生起到督促的作用，但会造成数据泄密、隐私暴露，也让他们在某种程度上失去自由"。你觉得学校是否应该配备这样的头环设备呢？如果没有配备这种设备，是不是就会落后于信息化时代的发展呢？如果配备了这种设备，除了"被监控"的感觉外，你觉得还有其他弊端吗？

学习目标

知识目标	能力目标	素质目标
1.了解当前人工智能伦理典型案例的主要应用场景。 2.理解人工智能在设计与应用中的风险性。 3.掌握人工智能伦理问题的主要内容。 4.掌握应对人工智能伦理问题的基本原则与实践要求。	1.能够分析并评估人工智能伦理的典型案例及其伦理风险。 2.能够用理性思维分析人工智能伦理问题。 3.能够在学习、工作和生活中遵守人工智能伦理原则。	1.培养对人工智能伦理的问题意识，增强认识能力和社会责任感。 2.树立正确的世界观、科技观、伦理观和规则意识，并用以指导实践。 3.提高批判性思维和创新能力，提高应对人工智能伦理问题的能力。

学习导航

学习重点	1. 人工智能伦理典型案例分析。 2. 人工智能伦理问题的主要内容。 3. 人工智能的伦理原则。
学习难点	1. 人工智能伦理新问题。 2. 人工智能伦理的原则遵循。
推荐教学方式	案例教学法、讨论教学法、情境教学法、任务驱动教学法
推荐学习方法	辩论学习法、合作学习法、对比分析法、探究式学习法
建议学时	6学时

第一节　人工智能伦理典型案例

 案例导入

2014年，史蒂芬·霍金与有关学者合写了一篇署名评论文章《在超级智能机器上超越自满》，表达了对人工智能的忧虑："可以想象，人工智能会以其'聪明'在金融市场胜出，在发明方面胜过人类研究者，在操纵民意方面将胜过人类领导人，甚至研发出人类理解不了的武器。尽管人工智能的短期影响取决于谁在控制人工智能，但它的长期影响则取决于人工智能到底能否受到任何控制。"显然，霍金的担忧基于一个预设，即人工智能的发展将超出人类的想象和控制。

人们一般将人工智能的发展分为三个阶段：弱人工智能、强人工智能和超人工智能。就目前而言有两派观点。一派认为，人们所设计、使用的人工智能都只能算是弱人工智能，能够解决某个特定领域的一些问题，是在特定领域、有限规则内模拟和延伸人的智能，因而不会产生所谓的人工智能人权、主体性、道德伦理等问题，更不用担心它会超越和控制人类[①]；另一派认为，人工智能的发展会达到强人工智能甚至超人工智能阶段，它会拥有自己的主体意识和情感意志等，更有超凡的能力。牛津大学教授、分析哲学家尼克·博斯特罗姆说："我认为超级智能的担忧在各行各业都会存在，也会面临相应的挑战。人们应该首先考虑第三个问题，即未来'超级智能'是否会拥有自己的意识和想法，并朝着不利于人类的方向发展。我们需要做的是，在我们让机器变得更智能的时候，也要让它们完全听命于人类，不违背人类的意志，以保证人类可以完全控制它们。"[②]

持有不同观点的两派人谁也说服不了谁。但不管怎样，问题已经出现，那就是，人工智能是否具有人格、主体性、情感和意志，是否需要道德与法律的规制，是否需要被教育？到目前为止，人工智能的发展已经出现了哪些问题？有哪些典型伦理事件发生？应如何应对？通过这些人工智能典型伦理事件，人们应该学习和了解哪些人工智能伦理问题？为解决人工智能伦理问题，应遵循哪些原则？这就是本章所要解决的问题。

① 古天龙.人工智能伦理.北京：高等教育出版社，2022年，第122页.
② 古天龙.人工智能伦理.北京：高等教育出版社，2022年，第128页.

学习任务

在线学习	自学或共学课程网络教学平台的第四章第一节资源。
小组探究	以小组为单位，选择本节所涉及的无人驾驶技术、ChatGPT、脑机接口、智能武器、虚拟现实、隐私危机等六类典型人工智能伦理事件中的一个研讨会问题展开探究。
实践训练	体验ChatGPT的智能对话功能，分析ChatGPT在对话中的表现，包括回答的准确性、相关性、流畅性和逻辑性等方面，识别ChatGPT在对话中可能出现的误解、歧义或不足之处，并思考可能的原因。基于你的对话体验，撰写一份实践报告，总结你的对话体验和分析结果，并探讨ChatGPT在哪些场景下可能具有实际应用价值和潜在优势，如教育、客服、娱乐等。

 知识探究

一、无人驾驶

微课

无人驾驶：是福还是祸？

（一）什么是无人驾驶技术

无人驾驶技术，即自动驾驶，是指通过车载传感器、控制系统和人工智能算法，使车辆能够在没有人类驾驶员干预的情况下自主行驶。这种技术的发展旨在提高道路安全、减少交通拥堵和提高能源效率。

无人驾驶技术的发展历史可以追溯到 20 世纪初，当时对无线电遥控汽车的探索标志着人们对这一领域的初步尝试。1925 年，工程师弗朗西斯·P·霍迪尼的无线电遥控汽车"美国奇迹"在纽约繁忙的街道上成功行驶，这一事件被视为无人驾驶技术的早期里程碑。1977 年，第一辆真正的自动化汽车由日本筑波机械工程实验室研发，它配备两个摄像头，由摄像头检测道路前方标记，在高速轨道辅助下时速可达 30 公里。在 21 世纪初，随着人工智能、机器学习和传感器技术的发展，无人驾驶技术迎来了新的突破。2004 年，美国国防部高级研究计划局举办了首次无人驾驶汽车挑战赛，这一赛事极大地推动了自动驾驶技术的发展。随后，谷歌（现为 Waymo）在 2009 年启动了其自动驾驶汽车项目，进一步加速了该技术的进步。2019 年 9 月，由百度和一汽联手打造的中国首批量产 L4 级自动驾驶乘用车红旗 EV，获得 5 张北京市自动驾驶道路测试牌照。

美国是无人驾驶技术的先驱，拥有多家领先的自动驾驶公司，如 Waymo、Tesla 和

Cruise。德国、瑞典和英国等国家在自动驾驶测试和法规制定方面走在前列。中国在无人驾驶技术的发展上表现出坚定的决心，也取得了引人瞩目的突破。2020 年 2 月，国家发改委等部门联合发布《智能汽车创新发展战略》，明确了到 2025 年实现 L3 级自动驾驶规模化生产和 L4 级自动驾驶特定环境下市场化应用的目标，并且展望 2035 年到 2050 年，中国标准智能汽车体系全面建成、更加完善。

无人驾驶公交车

（二）无人驾驶事故案例

尽管无人驾驶技术在全球范围内取得了显著进展，但仍面临技术成熟度、成本、基础设施、数据丰富度和法律法规等方面的挑战。

1. 案例一：自动驾驶测试车撞人致死事件

2018 年 3 月 18 日，美国亚利桑那州坦佩市发生了一起涉及 Uber 自动驾驶测试车的致命事故。事故发生当晚，自动驾驶汽车的安全驾驶员法埃拉·瓦斯奎兹（Rafaela Vasquez）负责对一辆搭载 Uber 自动驾驶系统的汽车进行测试。该车在以大约时速 65 公里的速度行驶过程中，不慎撞上一位推着自行车过马路的女子——49 岁的伊莱娜·赫茨伯格（Elaine Herzberg），该名女子被送院治疗后不幸身亡。这起事故是全球首起涉及自动驾驶车辆的致命事故，引起了公众对无人驾驶技术安全性的广泛关注。

Uber 在事故后采取了一系列措施，包括暂停所有自动驾驶车辆的测试，重新设计其自动驾驶系统，并加强了对安全驾驶员的培训。此外，Uber 还承诺在重启测试时，将采取更加谨慎的方法，并在车辆中配备两名安全驾驶员，以确保在任何情况下都有人监控车辆的行驶。

案例分析：首先，Uber 的自动驾驶系统在夜间和复杂光照条件下的性能不足，未能准确识别行人。其次，安全驾驶员 Rafaela Vasquez 在事故发生时并未在监控车辆，而是在分心观看视频，这凸显了在技术完全成熟之前人类监督的重要性。此外，这起事故还引发了人们对无人驾驶技术监管和法律框架的讨论，特别是在责任归属方面，如何界定技术提供商、车辆制造商和安全驾驶员的责任。这起事故不仅对 Uber 的自动驾驶项目产生了影响，也对整个行业提出了警示，在无人驾驶技术发展过程中，人们必须充分考虑安全问题，并确保在技术完全成熟之前，有适当的人类监督机制。

2. 案例二：特斯拉 Model 3 自动驾驶事故

2019 年 3 月 1 日，美国佛罗里达州发生了一起涉及特斯拉 Model 3 的严重事故。当时，50 岁的车主在启用 Autopilot 自动驾驶功能的情况下，未能注意到前方正在横穿高速公路的半挂车，导致车辆直接撞上了卡车的侧面，车主不幸遇难。这起事故再次引起了公众对自动驾驶技术可靠性和安全性的担忧。

事故调查发现，特斯拉的 Autopilot 系统在设计上存在局限性，特别是在处理复杂的交通场景时，如卡车横穿道路的情况。此外，调查还指出，车主在事故发生时可能过度依赖了 Autopilot 系统，没有保持对车辆的充分监控。虽然特斯拉强调 Autopilot 只是一个辅助驾驶系统，需要驾驶员随时准备接管控制车辆，但在实际使用中，一些用户可能未能充分理解这一点，导致了对技术的过度信任。

这起事故对特斯拉和整个自动驾驶行业都是一个警示。它提醒人们在自动驾驶技术发展过程中，必须对系统的局限性有清晰的认识，并确保用户能够正确理解和使用这些系统功能。特斯拉在事故后加强了对 Autopilot 系统的监管，包括在启用系统时增加更多的安全提示，以及在驾驶员长时间未操作方向盘时发出警告。

案例分析：特斯拉 Model 3 的事故暴露了自动驾驶技术在处理复杂交通场景时的潜在风险。尽管 Autopilot 系统提供了辅助驾驶功能，但它并非完全自动化，驾驶员仍然需要保持警惕并随时准备接管车辆。这起事故也引发了公众对自动驾驶系统用户教育和监管的讨论，强调了在技术完全成熟之前，驾驶员的监控和责任是不可或缺的。此外，事故还促使特斯拉和其他汽车制造商重新评估其自动驾驶系统的安全性，并采取措施提高用户对这些系统功能的理解。

（三）无人驾驶伦理分析

作为现代科技与人工智能的重要结合，无人驾驶技术在提升道路安全性、缓解交通拥堵、提高出行效率和降低能源消耗等方面具有诸多优势，为交通运输领域带来了革命性的变化，但也面临着一些挑战和伦理问题。

1. 技术局限

尽管无人驾驶技术取得了显著进展，但这些事故表明，技术尚未达到完全可靠的水平。在完全自动化之前，可能需要更多的测试和改进。这包括提高传感器的精度、改进算法以更好地理解复杂的交通环境，以及确保系统在各种天气和光照条件下都能正常工作。例如，Uber 自动驾驶测试车致命事故发生的原因之一，正是由于该公司的自动驾驶软件在设计时没有考虑到人行横道外的行人可能会突然横穿马路的情况。

2. 道德困境

无人驾驶车辆在行驶中可能会遭遇经典的"电车难题"。在面对复杂交通情况时，自动驾驶系统可能需要权衡多种因素，如行人的安全、乘客的安全及其他道路使用者的安全。这种权衡可能导致道德上的困境，因为不同的社会、文化和法律体系可能会有不同的道德判断。有研究报告显示，如果事故不可避免，多数人不愿将选择权交由机器。在自动驾驶过程中，Uber 的自动驾驶系统在面临紧急情况时，是应该优先保护行人的安全还是优先考虑驾驶员的安全，这是一个两难的问题。

3. 责任归属

在无人驾驶车辆发生事故时，责任归属成为一个复杂的问题。是车辆制造商、软件开发商还是车辆所有者应承担责任？这需要明确的法律框架来指导。此外，如何界定人类驾驶员在自动驾驶模式下的责任也是一个挑战。法律和监管机构需要制定相应的法规，以确保责任清晰，同时鼓励技术创新。

4. 能耗效率

虽然无人驾驶技术有望提高能源效率，但随着技术的推广，可能会带来新的能源消耗问题，如数据中心的能源需求增加。此外，无人驾驶车辆的生产和维护也可能对环境造成影响。因此，需要对整个生命周期的能源消耗进行评估，以确保无人驾驶技术的可持续发展。

（四）研讨会：我们需要什么样的无人驾驶？

问题一：无人驾驶如何确保道路交通安全？

问题二：无人驾驶车辆出现事故后的责任归属如何界定？

问题三：无人驾驶对道路交通与社会发展有何影响？

二、ChatGPT

（一）什么是 ChatGPT

ChatGPT 是由美国人工智能研究实验室 OpenAI 开发的一种先进的自然语言处理模型，它基于 GPT（Generative Pre-trained Transformer）架构。ChatGPT 的起源可以追溯到 2018 年，当时 OpenAI 发布了第一个 GPT 模型，它通过大规模的文本数据进行预训练，能够理解和生成自然语言。ChatGPT 的主要功能包括对话生成、文本摘要、翻译等，它在理解用户输入的上下文和生成连贯、有逻辑的回应方面表现出色。

在自然语言处理领域，ChatGPT 的应用优势体现在其能够处理复杂多样的语言任务。它能够理解复杂的语言结构，生成自然流畅的文本，甚至在某些情况下能够进行创造性的写作。这使得 ChatGPT 在客户服务、内容创作、教育辅导等领域有着广泛的应用前景。

微课

ChatGPT：可能会让你卷铺盖走人？

（二）ChatGPT 伦理案例

1. 案例一：ChatGPT 可能会让你卷铺盖走人

2023 年，全球知名的《纽约时报》（The New York Times）开始尝试使用人工智能技术，特别是 ChatGPT，来提高新闻报道的效率和质量。这家拥有悠久历史的媒体机构，以其深度报道和高质量的新闻内容而闻名，但在数字化转型的浪潮下，也开始探索如何利用新兴技术来提升工作效率。

起初，ChatGPT 被用作辅助工具，帮助记者快速搜集资料、整理数据和撰写初稿。记者们发现，人工智能能够在短时间内处理大量信息，并生成流畅的文本，这极大地提高了他们的工作效率。《纽约时报》的记者们开始将更多精力投入到深度调查和分析性报道上，将人工智能作为他们的研究助手。然而，随着人工智能技术在新闻生产中的应用逐渐深入，一些记者开始担心自己的职位安全。在一次国际重大新闻事件中，《纽约时报》决定尝试让 ChatGPT 独立完成一篇报道。这篇报道在社交媒体上迅速传播，其内容的深度和准确性得到了读者的认可。这一成功案例促使《纽约时报》考虑进一步扩大人工智能在新闻生产中的应用。随后，《纽约时报》宣布将对部分记者职位进行调整，以适应新的工作流程。某资深记者成为这次变动的受影响者之一。他在《纽约时报》工作了超过十年，参与过无数重大新闻的报道。面对可能的失业，他感到震惊和不安，他开始质疑人工智能是否真的能够完全取代人类记者的直觉和判断力。

案例分析：《纽约时报》的这一变革展示了人工智能技术在新闻行业中的应用是如何引发职业变动和行业变革的。它揭示了技术进步对传统职业的冲击，同时也展示了人们在适应新技术时的创造力和适应力。在这个过程中，记者们不得不重新评估自己的角色，学会与人工智能共存，同时思考新闻真实性、报道深度和人文关怀等问题。这一案例为新闻行业提供了一个关于如何平衡技术创新与职业发展的现实例证。

2. 案例二：ChatGPT 在提供医疗建议时可能造成误导

一位名为李明的用户因近期感到身体不适，决定向 ChatGPT 寻求医疗建议。李明描述了自己的症状，包括持续的头痛、疲劳和轻微发热。ChatGPT 在缺乏专业医疗知识和实时医疗数据的情况下，错误地将这些症状与一种罕见的病毒感染联系起来，并建议李明立即就医。

李明根据 ChatGPT 的建议前往医院，但经过医生的详细检查后，发现李明实际上患有的是常见的流感。医生指出，虽然流感的症状与 ChatGPT 所描述的病毒感染有相似之处，但两者的治疗方法和预防措施截然不同。李明被 ChatGPT 误导，不仅导致了不必要的焦虑和医疗费用，还可能因为延误了正确的治疗而加重病情。

案例分析：此案例凸显了 ChatGPT 在医疗建议方面的局限性。首先，ChatGPT 的医疗建议可能基于有限的信息和错误的假设，导致用户接受错误的诊断和治疗。其次，用户可能因为 ChatGPT 的建议而忽视了专业医疗咨询的重要性。这个案例也引发了人们对 ChatGPT 在医疗领域应用的伦理问题和法律责任的讨论，特别是在医疗建议可能导致严重后果的情况下。这一案例不仅对 ChatGPT 的使用提出了警示，也对整个人工智能领域提出了挑战，强调在技术发展的过程中，必须充分考虑安全问题，并确保在技术完全成熟之前，有适当的监管和监督机制。

（三）ChatGPT 伦理分析

ChatGPT 的问世是自然语言处理领域的一大革命。它通过大规模的预训练和微调，展现了其在理解和生成自然语言方面的强大能力。ChatGPT 的出现不仅为人工智能的发展注入了新的活力，也为人类与机器之间的交流提供了更加自然、流畅的方式。ChatGPT 能够处理复杂的语言结构，生成连贯且富有逻辑的文本，这在历史上是前所未有的，它的出现使得机器能够更好地理解人类的需求。然而，ChatGPT 的发展也带来了一系列伦理和法律问题。

1. 数据隐私问题

对 ChatGPT 的训练需要大量的文本数据，这些数据可能包括用户的个人信息和敏感数据。如何在收集和使用这些数据时保护用户的隐私，成为一个亟待解决的问题。数据的收集和使用过程涉及大量的隐私问题，许多重要的个人信息，如收入、家庭状况、健康状况等，可被实时收集和保存。通过数据挖掘技术，还可从繁杂或模糊的数据中提取有用的个人信息。如此一来，人类很容易就失去了对隐私的掌控，甚至一些私人信息也被实时监控[①]。

2. 版权问题

ChatGPT 在生成文本时可能会引用或模仿现有的文字作品，导致无意中侵犯了原作者的版权，这也是一个不容忽视的问题。

3. 信息安全问题

ChatGPT 生成的信息如果被恶意使用，可能会导致舆情失控，甚至引发社会动荡。例如，虚假新闻的传播可能会误导公众，造成恐慌。

4. 就业威胁问题

ChatGPT 在某些领域的应用可能会威胁到人类的就业，如处理大量数据、执行重复性任务、分析模式和预测趋势、文字编辑等职位。随着人工智能技术的进步，如何平衡技术发展与人类就业的关系，确保技术进步不会加剧社会不平等，也成为一个重要的伦理议题。

---

① 赵志耘等. 关于人工智能伦理风险的若干认识 [J]. 中国软科学，2021（6）：7.

智慧锦囊

未来几年必须改进的关键领域之一是：事实性和基础性，并确保他们不会传播虚假信息等。这对我们来说是最重要的。

——谷歌 DeepMind CEO 戴米斯·哈萨比斯就网上传播的来自谷歌公司工程师的备忘录内容，分享自己对当下人工智能进程与未来 AGI 的思考

（四）研讨会：如何看待 ChatGPT 替代大量的脑力型工作？

问题一： ChatGPT 如何改变传统的工作方式？

问题二： 讨论关于 ChatGPT 在工作场所中的角色及其对就业市场的影响。

问题三： 如何确保在 ChatGPT 技术发展的同时，人类的工作价值不被忽视？

三、脑机接口

（一）什么是脑机接口

脑机接口（Brain Computer Interface，BCI），也称为脑机交互，是指通过直接连接大脑与外部设备，实现大脑信号与计算机或其他电子设备的直接通信。脑机接口结合了神经生理学、计算机科学和工程学的方法、途径和概念，致力于在生物大脑

脑机接口：装上芯片，你还是你吗？

和机器装置之间建立实时双向联系，这种技术的发展旨在帮助那些因神经损伤或疾病而失去身体功能的人恢复部分能力，同时也为健康个体提供增强认知和感知能力的潜力。

脑机接口技术的发展可以分为几个阶段：基础研究阶段，科学家们主要关注大脑信号理解和原型设备开发；临床应用阶段，脑机接口开始用于治疗特定的神经疾病，如帕金森病和肌萎缩侧索硬化症；未来展望阶段，脑机接口有望实现更广泛的应用，如增强认知能力、虚拟现实和远程控制等。

脑机接口技术的发展历史可以追溯到 20 世纪初，当时对大脑电信号的研究标志着这一领域的初步尝试。1969 年，美国科学家威廉·格雷·沃尔特（William Grey Walter）在英国实现了人类历史上第一次完整的脑机接口技术实验。此后，随着计算机技术和神经科学的进步，脑机接口技术开始得到更深入的研究。20 世纪 90 年代，科学家们开始探索将脑机接口用于帮助残疾人士控制假肢。进入 21 世纪，随着人工智能、机器学习和神经成像技术的发展，脑机接口技术迎来了新的突破。2008 年，美国食品和药物管理局批准了第一个用于治疗帕金森病的脑机接口设备。在 2014 年的圣保罗巴西世界杯

开幕式上，一个下身瘫痪的巴西少年依靠大脑控制机械骨骼的装置成功开球。这一事件被广泛认为是脑机接口技术最早的真实应用之一，展示了脑机接口在辅助残疾人方面的潜力。此后，脑机接口技术在医疗和科研领域取得了显著进展。2021年10月5日，发表在《Nature Medicine》上的一项研究中，来自美国加州大学旧金山分校的科学家团队通过给Sarah脑部植入一种类似神经起搏器的装置，成功缓解了她的难治性抑郁症。这项研究表明大脑活动可以被用来为神经疾病提供个性化的治疗，同时也代表将神经科学应用于精神健康领域并取得里程碑式的成功。

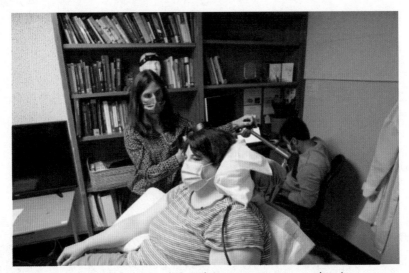

患者Sarah在诊所与精神病学家Katherine Scangos在一起

2024年1月29日，美国脑机接口公司Neuralink创始人埃隆·马斯克在社交媒体上发帖称，公司团队在前一日进行了脑机接口设备的首例人体移植，移植者目前恢复良好。马斯克称，初步检测到的移植者大脑神经元活动信号"很有前景"，除此之外没有提及其他技术细节。美国有线电视新闻网在30日的报道中称，马斯克的声明或可以视为脑机接口技术从实验室引入现实世界的一个重要里程碑。就在马斯克发布消息约8小时后，1月30日，清华大学官网发布消息，其医学生物医学工程学院脑机接口研究团队与北京市宣武医院联合，成功进行了全球首例无线微创脑机接口临床试验。该案例中的植入者为脊髓损伤患者，其经过3个月的居家康复训练后，已经实现了自主喝水等脑控功能，抓握准确率超过90%。

目前，脑机接口技术最重要的应用场景是高位截瘫等特定疾病患者的临床治疗，能够帮助这些患者找回部分生活能力，对于脑部信号的解读多在运动神经方面，对语言等高级功能的解读还很困难。各国在脑机接口技术方面的发展情况各异。美国是脑机接口技术的先驱，拥有多家领先的研究机构和企业，如Neuralink和BrainGate。欧洲也在积极推进脑机接口技术，德国、瑞士和英国等国家在脑机接口研究和法规制定方面走在前列。亚洲的中国和日本也在脑机接口领域取得了显著进展，其中中国在脑机接口技术的研究和应用方面尤为活跃。中国政府已将脑科学发展纳入"十三五"规划和"十四五"规划，明确了支持脑机接口技术研究和发展的目标。

（二）脑机接口伦理案例

1. 案例一：Neuralink 的猴子实验

Neuralink 是一家致力于开发高级脑机接口技术的美国科技公司。2021 年 8 月，Neuralink 进行了一项引人注目的实验，展示了脑机接口技术的潜力。在这项实验中，一只名为 Pager 的猴子通过植入 Neuralink 的脑机接口设备，成功地在屏幕上玩起了"Pong"游戏。猴子的大脑活动被实时转换为游戏操作，无须任何物理输入。

这项实验引起了公众对脑机接口技术未来发展的极大兴趣，同时也引发了关于伦理、隐私和人类自主性的讨论。Neuralink 的创始人埃隆·马斯克强调，这项技术的目的是帮助那些患有神经退行性疾病或身体残疾的人提高他们的生活质量。然而，也有人担忧，随着技术的发展，未来可能会被用于非医疗目的，如增强认知能力或控制他人。

案例分析：Neuralink 的猴子实验展示了脑机接口技术在医疗领域的潜在应用，同时也引发了该技术在伦理和监管方面的挑战。这个案例凸显了在推动技术进步的同时，必须考虑到其对社会和个人可能产生的深远影响。随着脑机接口技术的不断发展，需要建立相应的伦理指导原则和监管框架，以确保技术的负责任使用，并保护个人隐私和人类自主性。此外，公众对提高此类实验的透明度和加强监管的呼声也越来越高，要求科技公司在进行此类研究时，必须保证公开透明，并接受外部监督。

2. 案例二：人类脑机接口临床试验

2022 年，一位名为 Jesse 的瘫痪患者参与了一项创新的脑机接口临床试验。Jesse 因一场意外事故导致四肢瘫痪，失去了自主活动的能力。在这项试验中，医生在 Jesse 的

大脑运动皮层植入了一个微型电极阵列，该阵列能够捕捉大脑发出的运动信号。通过与外部设备连接，这些信号被解码并转化为控制信号，使得 Jesse 能够通过思考来控制一个机械臂进行简单的抓取动作。这一突破性的进展不仅为 Jesse 带来了希望，也为全球数百万瘫痪患者展示了脑机接口技术在恢复运动功能方面的潜力。

脑机接口

案例分析：Jesse 的案例展示了脑机接口技术在治疗神经退行性疾病和损伤方面的革命性应用。这项技术的发展不仅为患者提供了新的治疗选择，而且推动了对大脑功能和神经科学更深入的研究。然而，这项技术的广泛应用也带来了伦理和安全方面的挑战，包括如何确保患者的隐私不被侵犯，以及如何防止技术被滥用。此外，随着技术的

成熟，还需要考虑如何为患者提供长期的医疗支持和设备维护。Jesse 的案例提醒人们在推动脑机接口技术发展的同时，必须建立全面的伦理和法律框架，以确保技术的安全性、有效性、道德性，保障患者福祉。

（三）脑机接口伦理分析

脑机接口技术对人类生活的潜在影响是深远的。首先，脑机接口技术为那些因中风、脊髓损伤、肌萎缩侧索硬化症等疾病导致身体功能丧失的患者提供了新的治疗手段。通过直接与大脑沟通，设备可以帮助患者控制假肢或轮椅，甚至可能恢复部分自然运动能力。其次，脑机接口技术还有望改善帕金森病、癫痫等神经退行性疾病患者的生活质量。最后，对于健康个体，脑机接口技术也可能有助于其认知和感知能力的增强。例如，通过与计算机的直接连接，人们可能能够更快地处理信息、提高记忆力或增强感官体验，这在教育、娱乐和专业技能提升等领域具有巨大潜力。然而，脑机接口技术的广泛应用也带来了一系列伦理和社会挑战。

1. 隐私与数据安全

大脑活动数据可能包含个人的思想、情感和偏好，这些信息的泄露或滥用可能导致个人隐私被严重侵犯。数据安全问题不容忽视，黑客攻击或技术故障可能导致个人数据被盗用或设备失控，从而对用户造成身体和心理伤害。

2. 生理侵入损伤

脑机接口技术在为人类提供前所未有的与外部世界互动方式的同时，也带来了一系列生理风险，主要与侵入式或半侵入式脑机接口的植入过程相关。这些风险包括手术过程中的感染、出血、组织损伤，以及植入物可能引起的排异反应。长期来看，植入物可能会引起慢性炎症反应，影响大脑的正常功能，甚至可能导致神经退行性疾病的发生。

3. 身份认同混乱

人类自主性、身份认同也是重要议题。过度依赖脑机接口可能导致个体在决策和行为上的自主性受损，甚至可能影响个人的自我认同。随着脑机接口技术的发展，人类可能会通过这些设备来增强认知能力、改善记忆，甚至控制情绪。这种对大脑功能的直接干预可能会改变个体的感知、记忆和情感，从而影响他们的自我认知和身份认同。例如，通过脑机接口技术增强的记忆能力可能会改变个体对自己经历的理解和评价，而情绪调节功能可能会影响个体的情感体验和决策过程。

4. 人机界限模糊

脑机接口技术还引发了关于人类自主性和自由意志的哲学和伦理讨论。如果个体的行为和决策在很大程度上受到脑机接口技术的影响，那么他们是否还能被视为完全自主的个体？这种技术的应用可能会对个体的自我决定权和道德责任产生深远影响。

因此，为了确保这项技术的安全，必须在技术发展的同时，建立相应的监管框架和伦理原则，制定严格的数据保护法规，确保脑机接口设备的安全性和可靠性，以及开展广泛的公众教育，提高人们对这项技术潜在风险的认识。这包括对植入手术的严格监管、对设备安全性的持续评估，以及对个体在使用脑机接口技术时的知情同意权和自主权的尊重。

（四）研讨会：如何看待脑机接口技术带来的利与弊？

问题一：脑机接口技术在医疗领域的应用有哪些利与弊？

问题二：脑机接口技术如何增强人类的能力？脑机接口技术能制造出"超人"吗？

问题三：脑机接口技术可能带来哪些伦理和社会挑战？

四、智能武器

（一）什么是智能武器

智能武器：AI 时代
的达摩克利斯之剑

智能武器，也称为自主武器系统（Autonomous Weapons Systems，AWS），是指那些能够在没有人类直接干预的情况下，自主选择目标并执行攻击任务的武器。这种武器系统通过内置的传感器、人工智能算法和决策逻辑，能够识别目标、评估威胁并执行攻击任务。智能武器的发展旨在提高作战效率、减少误伤和提高战场适应性。

智能武器的发展历史可以追溯到 20 世纪末，当时计算机和自控技术的进步为武器系统的自主化提供了可能。20 世纪 90 年代，美国国防部开始研究自主武器系统，以提高军事行动的精确度和效率。进入 21 世纪，随着人工智能、机器学习和传感器技术的发展，智能武器迎来了新的突破。例如，无人机（Unmanned Aerial Vehicle，UAV）和无人地面车辆（Unmanned Ground Vehicle，UGV）等自主平台在侦察、监视和打击任务中的应用日益广泛。

美国拥有多种先进的无人作战平台，如全球鹰无人机和捕食者无人机。英国、法国、俄罗斯等国家也在积极推进智能武器研究。中国在智能武器研究领域取得了显著进展，尤其在无人机和无人战车的研发方面。各国政府在推动智能武器发展的同时，也在考虑其可能带来的伦理和法律问题，如自主武器系统在战争中的责任归属和道德规范。

（二）智能武器伦理案例

1. 案例一：高技术战争中无人机的角色与影响

在高技术战争中，无人机扮演着至关重要的角色，并产生了深远的影响。无人机因其利用成本较低，成为向对手发动袭击的主要战术之一。作战双方可以利用无人机对对方的军事设施、指挥所、交通枢纽、军事基地、弹药库等目标进行打击。无人机不仅具有高度的隐蔽性，而且可以轻松地突破对方的防空系统，对其造成严重的威胁。

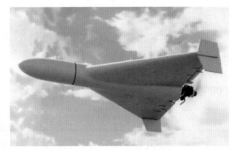

俄罗斯的"伊塔尔马斯"无人机

案例分析：无人机的使用凸显了现代战争中技术进步与伦理责任之间的紧张关系。无人机技术的发展为军事行动提供了新的可能性，但同时也带来了新的伦理挑战。在战争中，必须确保所有军事行动都符合国际人道法和战争法，特别是要尽量减少对平民的伤害。国际社会应当加强对无人机使用的监管，制定明确的国际规范，以确保无人机不会成为无差别攻击的工具。同时，军事指挥官和政策制定者在部署无人机时，必须考虑到可能的伦理后果，并采取一切必要措施来防止误伤。这包括提高无人机的识别精度，确保操作人员接受充分的培训，以及在必要时进行人工干预。

2. 案例二：无人操控的灾难——利比亚无人机的意外攻击

联合国于 2021 年披露过一份关于 2020 年 3 月利比亚军事冲突中无人机事件的报告。报告称，土耳其 STM 公司生产的"卡古 -2"型四旋翼无人机被编程为在不依靠操作员的情况下，自主攻击了撤退中的"利比亚国民军"，并很有可能造成一名国民军相关成员的死亡。这是有史以来第一例记录在案的无人机在没有人为命令的情况下向人发动攻击的案例。

案例分析：利比亚无人机失控自主攻击人类事件对战争伦理提出了严峻挑战，凸显了在战争中尊重国际人道法和战争法，确保所有军事行动都尽量减少对人类的伤害的重要性。无人机技术的发展和应用需要受到严格的监管和伦理指导，以确保其不会成为滥杀无辜的工具。国际社会应当共同努力，制定无人机使用的国际规范，明确在何种情况下可以使用无人机，以及如何确保其在执行任务时不会侵犯人权和违反国际法。同时，军事指挥官和政策制定者在部署无人机时，必须考虑到可能的伦理后果，并采取一切必要措施来防止误伤。

（三）智能武器伦理分析

智能武器在现代军事领域中发挥着越来越重要的作用。它们具有自主决策、高精度打击、高度集成、扩大战场感知、降低人员风险等多种优势，为现代军事冲突和战争提供了更加高效、精确和灵活的解决方案。然而，智能武器在现代战争中的应用也引发了广泛的伦理和法律争议。

1. 智能武器在战争中的道德责任和法律责任问题

智能武器能够在没有人类直接干预的情况下选择和攻击目标，这涉及复杂的道德责任和法律责任问题。首先，智能武器不具备人类情感，使用智能武器可能导致违反关于作战手段和方法的国际人道法则。例如，智能武器很难辨别一个人的作战意愿，或者理解某一具体目标的历史、文化、宗教和人文价值，因此，很难寄希望于智能武器能够尊重军事必要原则和比例原则[①]。其次，智能武器的决策过程缺乏人类的道德判断和情感因素，这可能导致对平民的伤害和不必要的破坏。再次，智能武器的自主性可能导致责任归属的模糊。如果智能武器在执行任务时发生错误，导致无辜平民的伤亡，那么责任应该由谁来承担？是武器的开发者、操作者还是决策者？这一问题在现有的国际法和国内法律中尚无明确的答案。

2. 智能武器对战争伦理和国际法的影响

智能武器的出现对传统的战争伦理和国际法提出了挑战。在战争伦理方面，智能武器可能违背了"区分原则"和"比例原则"，即在战争中应尽量避免对平民的伤害，并确保军事行动的合理性和必要性。在国际法方面，智能武器的使用可能违反了《日内瓦公约》等国际法规。这些法规要求在战争中必须尽量减少对平民的伤害，并确保对军事目标的攻击是必要的和成比例的。智能武器的自主决策可能使这些法规的执行变得复杂，因为它们可能无法像人类那样理解和遵守这些法规。此外，智能武器可能被敌方黑客攻击或误操作，导致无法预料的后果。这种情况不仅增加了战争的不确定性，也使得责任追究变得困难。

综上所述，智能武器在战争中的道德责任和法律责任问题亟待解决。国际社会需要共同努力，制定相应的伦理准则和法律框架，以确保智能武器的使用不会逾越人类的道德底线和损害法律的权威。

（四）研讨会：智能武器对现代战争、对人性产生何种影响？

问题一：智能武器是否会削弱士兵的道德和伦理判断？

问题二：智能武器是否会削弱人类的同情心和同理心？

问题三：智能武器滥杀无辜该由谁负责？智能武器是否会导致战争行为的失控？

五、虚拟现实

（一）什么是虚拟现实

虚拟现实（Virtual Reality，VR）是一种通过计算机技术模拟生成的三维环境，它能够让用户在感官上沉浸于一

微课

虚拟现实：元宇宙中的虚拟性侵事件，你怎么看？

---

① 沈寓实，徐亭，李雨航 . 人工智能伦理与安全 . 北京：清华大学出版社，2021 年，第 287 页 .

个几乎与现实世界无法区分的虚拟世界中。这种技术通过头戴式显示器、手套、运动捕捉设备等交互工具，捕捉用户的头部和身体动作，并将这些动作转化为虚拟环境中的相应反馈，从而实现用户与虚拟世界的互动。

虚拟现实的工作原理主要依赖于计算机图形学、传感器技术和人机交互技术。计算机图形学负责生成虚拟环境的三维模型和纹理，传感器技术用于捕捉用户的动作和位置，而人机交互技术则确保用户能够通过各种输入设备与虚拟世界进行自然交流。这些技术的结合使得用户能够在虚拟环境中获得视觉、听觉甚至触觉的沉浸式体验。

虚拟现实的应用领域非常广泛，涵盖娱乐、教育、医疗、军事训练、工程设计等多个领域。随着 AI 技术的发展，其对虚拟现实技术的影响日益显著，它通过智能化算法增强了 VR 体验的真实性和互动性。AI 可以创建更加接近真实的虚拟角色，为用户提供个性化内容推荐，以及通过自然语言处理技术实现更自然的交流。此外，AI 在图像和声音识别上的应用，使得 VR 环境中的交互更加直观和流畅。机器学习还能分析用户行为，不断优化 VR 体验。

随着 AI 技术的进步，未来的 VR 将更加智能，可以为用户带来更加丰富和个性化的沉浸式体验。但与此同时也会带来一系列伦理和社会问题，如隐私保护、用户健康及虚拟与现实界限的模糊等，这些问题需要在技术发展的同时得到妥善解决。

（二）虚拟现实伦理案例

1. 案例一：元宇宙中的虚拟性侵事件

2022 年 6 月，一起发生在元宇宙中的虚拟性侵事件引起了公众的广泛关注。一名女性网友声称自己在元宇宙中被陌生人"性侵"，矛头直指拥有全球数十亿用户的 Meta。受害者是一名 21 岁女性，她在 Meta 发行的《地平线世界》游戏中创建了一个女性虚拟形象，却遭到一位男性虚拟人物的"性侵"，还有旁观者起哄。对此，Meta 官方发言人回应称，受害人没有开启《地平线世界》的多项安全功能。打开"个人边界"功能，玩家周围会形成半径大约为一米的"防护罩"，使得其他虚拟人物无法触碰，以此杜绝骚扰。Meta 提到，"我们不建议对不认识的人关闭安全功能。"

案例分析：首先，这起事件凸显了元宇宙平台在安全措施方面的不足。尽管 Meta 提供了"个人边界"等安全功能，但用户可能因为不熟悉操作或对这些功能的重要性认识不足而未能充分利用。这表明，平台方需要在用户教育和安全提示方面做更多的工作，确保用户了解并能够使用这些保护措施。其次，虚拟性侵事件对受害者的心理影响不容忽视。即使在虚拟世界中，这种侵犯行为也可能给用户带来真实的心理创伤。这要求平台方在处理此类事件时，不仅要关注技术层面的解决方案，还要关注受害者的心理支持和后续关怀。此外，这起事件也引发了关于虚拟世界中行为规范和法律责任的讨论。在现实世界中，性侵犯是严重的犯罪行为，而在虚拟世界中，这种行为是否同样构成犯罪，以及如何界定责任，这是一个亟待解决的问题，需要法律专家、平台运营商和社会各界共同探讨，建立相应的法律框架和道德准则。最后，这起事件提醒人们，随着虚拟现实技术的不断发展，元宇宙等虚拟空间正逐渐成为人们社交和娱乐的新场所。然而，这些空间并非法外之地，同样需要受到法律和道德的约束。平台方、用户及监管机构需要共同努力，确保虚拟世界的健康发展，保护用户的权益不受侵犯。

综上所述，这起虚拟性侵事件不仅是对 Meta 平台的一次警示，也是对整个元宇宙行业的一次挑战。它要求人们重新审视虚拟世界中的安全、道德和法律问题，采取有效措施，为用户创造一个安全、健康、有序的虚拟环境。

2. 案例二：穿越时空的拥抱

2020 年，韩国 MBC 电视台制作了一部感人至深的纪录片《遇见你》，记录了一位名叫 Jang Ji-sung 的母亲通过虚拟现实技术与她已故女儿 Nayeon 重逢的感人故事。Nayeon 在 3 年前因血癌去世，当时年仅 4 岁。为了帮助 Jang 妈妈实现与女儿的重逢，MBC 节目组与韩国 VR 公司 VIV Studio 合作，利用 8 个月的时间，通过摄影测量、动作捕捉和虚拟现实技术，结合人工智能语音合成，精心打造了一个与 Nayeon 相似的虚拟形象。

在 VIV Studio 的工作室里，Jang Ji-sung 戴上 VR 头盔和触感手套，与这个虚拟的女儿进行了一次充满情感的互动。在 VR 体验中，她不仅可以看到女儿、听到她的声音，甚至能够触摸到她，她们共同庆祝了一个迟来的生日，唱生日歌，吹蜡烛。这个场景被上传到 YouTube 后，迅速吸引了超过 1300 万次的观看，引发了全球观众的广泛关注和情感共鸣。

案例分析：这个案例不仅展示了 VR 技术在情感疗愈方面的潜力，也引发了公众对科技伦理的讨论。一方面，VR 技术能够跨越生死界限，为失去亲人的人提供一种新的情感寄托和疗愈途径，具有显著的心理和社会效应；另一方面，它提出了如何平衡技术进步与人类情感需求的问题。虚拟的重逢是否能够真正替代真实的重逢？ VR 技术的介入是否会在某种程度上扭曲或淡化人们的真实情感？此外，过度依赖或滥用这类技术可能带来混淆现实与虚拟世界的风险，人们在享受科技带来的益处时，需要始终保持对人性尊严和情感健康的尊重。

总之，这一案例无疑是对科技伦理边界的一次深度探索，对未来科技在人文关怀领域的发展方向提出了新的思考。

（三）虚拟现实伦理分析

1. 对现实人际关系的影响

在 VR 环境中，用户能够与虚拟角色建立深层次的情感联系，这些虚拟角色往往被设计得极具吸引力，能够满足用户在现实世界中难以实现的情感需求。这种与虚拟角色的亲密互动，虽然在技术上为人们提供了前所未有的沉浸式体验，但也可能对现实世界中的人际关系产生负面影响。

首先，VR 环境中的虚拟亲密关系可能会提高用户对现实伴侣的期望值。用户可能会将虚拟角色的完美无缺与现实生活中的伴侣进行比较，从而感到不满或失望。这种比较可能导致现实婚姻中的冲突和疏远，影响夫妻关系的稳定性和亲密度，也可能会削弱人们在现实世界中建立和维护真实人际关系的能力。其次，虚拟现实中的虚拟亲密互动可能会对人类的繁衍产生影响。如果人们在虚拟世界中满足了情感和生理需求，就可能会减少在现实世界中建立家庭和生育后代的动力。这可能会对人口生育和社会稳定产生长远影响。最后，如何界定虚拟世界中的性行为？虚拟角色是否应该拥有与人类相同的权利和义务？这些问题都需要在技术发展的同时得到妥善解决。

综上所述，虚拟现实技术的发展在为人类带来便利和乐趣的同时，也带来了对人类社会结构和伦理道德的挑战，需要引起人们的重视，并及时采取行动。

2. 虚拟现实中的隐私保护和数据安全问题

在虚拟现实技术日益发展的今天，隐私保护和数据安全问题成为公众关注的焦点。随着 VR 技术的应用范围不断扩大，从游戏娱乐到教育培训，再到医疗健康，用户在这些环境中的行为轨迹、兴趣偏好乃至生理反应等敏感数据都有可能被系统性地记录和收集。对这些数据的收集和使用，如果缺乏适当的透明度和用户控制，就可能被用于商业目的，如精准营销和用户画像构建。例如，广告商可能会利用用户在 VR 游戏中的行为数据来推送个性化广告，这种未经用户明确同意的数据利用行为，侵犯了用户的隐私权和选择权。

此外，用户数据的安全性也面临着严峻挑战。随着网络攻击手段的不断升级，黑客攻击和数据泄露事件屡见不鲜。一旦用户的 VR 数据被非法获取，不仅可能导致个人隐私的泄露，还可能被用于身份盗窃、诈骗等犯罪活动，给用户带来严重的经济损失和心理困扰。

为了应对这些挑战，VR 技术提供商和相关监管机构需要采取更加严格的数据保护措施。同时，法律框架的完善也是保护用户隐私的关键，需要制定和实施相关法规，明确 VR 环境中数据收集和使用的界限，对侵犯用户隐私的行为给予法律制裁。

 智慧锦囊

人工智能的时代已经到来，我们正处于人工智能革命的风口浪尖，它将给我们带来巨大的利润收入，但同时也让人类变得不堪一击。

——詹姆斯·巴拉特，《我们最终的发明：人工智能和人类时代的终结》的作者，2018 年与网易智能的对话

（四）研讨会：不利于人类繁衍的虚拟现实技术，是否应该被禁止？

问题一： VR 技术为人们提供了前所未有的沉浸式体验，让人们能够逃避现实生活的压力，这种逃避会削弱人们在现实世界中建立家庭和承担社会责任的动力吗？

问题二： 长期沉浸在虚拟世界中，会导致人们在现实生活中的社交技能退化，影响人际关系的建立和维护，进而影响婚姻和家庭结构的稳定吗？

问题三： VR 环境中的虚拟亲密关系是否会影响人们在现实生活中的婚姻和生育选择？如果虚拟体验成为满足人类情感和生理需求的主要途径，人们对亲密关系、人类繁衍及后代抚养的观念与行为会受到挑战吗？

六、隐私危机

（一）什么是隐私危机

隐私危机是指个人隐私在数字化时代面临的一系列威胁和挑战。随着互联网和各种智能设备的普及，人们的个人信息被大量收集、存储和使用，而这一过程往往缺乏有效的监管和保护，导致泄露、滥用和侵犯隐私的问题日益严重。

微课

隐私危机：信息裸奔让你无处遁形

在现代社会中，隐私危机的表现形式多种多样。首先，社交媒体等平台通过收集用户数据来提供个性化服务和进行广告推广，这使得用户的个人信息被广泛收集和使用。其次，智能设备如智能手机、智能家居等也大量收集用户的个人信息，包括地理位置、生活习惯、消费习惯等，这些信息可能被用于商业目的或者被黑客盗取。

隐私危机对个人和社会都产生了深远的影响。对于个人而言，隐私泄露可能导致财产损失、身份盗窃、骚扰等问题。对于社会而言，隐私危机可能引发社会不稳定、信任危机、伦理道德问题等。例如，如果政府或企业滥用个人信息，则可能导致权力滥用、利益冲突等严重问题。

因此，人们应当对隐私危机有一个清醒的认识，并采取有效的措施来保护个人隐私。这包括加强法律法规的制定和执行、提高个人信息保护意识、推动技术进步和行业自律等。只有这样，才能确保个人隐私在数字化时代得到充分的尊重和保护。

（二）隐私危机伦理案例

1. 案例一：数据泄露让人无所遁形

在 2023 年第一季度，威胁猎人情报平台（Threat Hunter）揭示了一个令人担忧的数据泄露趋势：在短短三个月内，监测到的有效数据泄露事件高达 987 起，影响了 1204 家企业，涉及 38 个不同行业。在这些事件中，员工信息泄露案例尤为突出，其中包括员工的姓名、手机号和部门等敏感信息。在某些情况下，这些信息是通过员工个人电脑受到病毒木马攻击而泄露的，或者由于员工在不安全的平台上误操作导致的。用户信息泄露同样严重，用户的手机号、身份证号、地址等个人信息被不法分子获取，这些信息随后被用于实施精准诈骗，如通过钓鱼网站诱导用户输入个人信息等。此外，企业的源代码和数据库连接信息也在某些平台上被泄露，这通常是由于员工在代码托管平台上的不当操作或企业内部安全措施不足造成的。敏感文件泄露事件也不容忽视，包括机密业务文件、服务器配置信息等，这些文件可能通过不安全的文件共享平台、网盘或在线文档服务被泄露。这些泄露的文件不仅损害了企业的商业利益，还可能对国家安全构成威胁。

案例分析：数据泄露事件的增多反映了企业在数据安全管理上的不足。人为因素，如员工的不当操作和安全意识不足，是导致信息泄露的重要原因。技术漏洞，如 API 安全缺陷（应用程序编程接口在设计、实现或使用过程中存在的安全隐患）和代码托管平台的不当配置，也是导致数据泄露的关键因素。数据泄露不仅给企业造成了直接的经济损失，而且损害了企业声誉，降低了客户信任度。对于用户而言，个人信息的泄露可能导致诈骗、身份盗窃等安全风险。此外，敏感文件的泄露可能对国家安全构成威胁。企业应加强内部数据安全培训，提高员工对数据保护的意识。同时，应定期进行安全审计，确保 API 和代码库的安全。对于敏感数据，应实施严格的访问控制和加密措施。企业还应建立应急响应机制，以便在发生数据泄露时能够迅速采取行动。行业应共同推动数据安全标准的制定和实施，加强跨企业的信息共享和协作。政府应加强数据保护法规的制定和执行，为企业提供指导和支持。

2. 案例二：智慧家居设备安全漏洞的隐私威胁

据 2022 年 3 月 15 日中国新闻网报道，上海市消保委 3 月 15 日发布智能家居"黑客攻击"测试报告。其选取 6 款在各主流电商平台上搜索排名靠前的智能门铃和门禁产品，联合第三方专业机构进行安全性能测试。结果显示，主要安全漏洞包括：攻击者可通过抓包软件绕过认证，获取服务端或客户端的大量信息；攻击者可以通过简单粗暴的"抓包"加暴力破解弱密码，利用漏洞组合获取用户的账号和密码，登录后获得他人摄像头、麦克风等权限，可自由调取录像，甚至监听房间内家庭成员间的谈话；攻击者可未经授权地访问数据库，结合其他漏洞实现远程开电子门锁等功能，使消费者家居安全面临风险。

案例分析：智能家居设备的安全漏洞事件提醒人们，随着物联网技术的快速发展，智能家居设备的安全问题不容忽视。用户隐私保护和设备安全应该成为智能家居设备设计和生产的核心考虑因素。制造商需要不断更新和修复已知的安全漏洞，同时提高设备的防护能力，防止未经授权的访问。用户也需要提高安全意识，定期更新设备的固件，设置复杂的密码，并在必要时采取额外的安全措施，如使用双重验证。此外，政府和监管机构应制定更严格的安全标准和法规，确保智能家居设备在为用户提供便利的同时，也能够保护用户的隐私和数据安全。

（三）隐私危机伦理分析

1. 隐私权的尊重

隐私权是每个人的基本权利之一。在未经本人同意的情况下，任何形式的个人信息收集、使用或传播都构成了对隐私权的侵犯。在人工智能和大数据的时代背景下，这种侵权行为可能变得更为隐蔽和难以察觉，但这并不意味着它可以被忽视或接受。

2. 信息不对称与权力失衡

在数字化时代，大型科技公司、数据分析机构和其他相关实体拥有强大的数据处理能力，而普通用户往往对自己的数据如何被收集和使用知之甚少。这种信息不对称导致了权力的失衡，使得个人隐私更容易受到侵犯。

3. 深度挖掘与无意识披露

AI 技术能从看似无关的数据中深度挖掘出用户的敏感信息，如生活习惯、心理状态、健康状况等，这些信息在传统环境中可能无须公开，但在 AI 时代却可能因关联分析而被揭露。这挑战了伦理上尊重隐私边界的原则，要求重新审视数据收集的广度和深度。

4. 持续监测与隐私入侵

物联网技术的广泛应用，使得用户生活空间内几乎全天候存在数据采集行为。AI 系统的实时监测能力无形中削弱了物理空间内的隐私权，引发了关于何时何地应当停止监测及如何有效保护居家隐私的伦理讨论。

5. 隐私与安全的权衡

在某些情况下，为了公共安全或其他公共利益，可能需要牺牲部分个人隐私。但这种权衡应当在充分讨论和明确法律规定的基础上进行，并确保个人隐私受到最小化的侵犯。

此外，面对 AI 时代新的隐私风险，现有的法律和伦理框架也需要与时俱进，通过立法和技术手段同步强化对隐私权的保护。同时，提高公众对隐私问题的认识和理解是解决隐私危机的关键。通过教育，人们可以学会如何保护自己的隐私，并在必要时采取法律手段维护自己的权益。

综上所述，人工智能时代的隐私危机涉及多个复杂的伦理问题，需要人们从多个角度进行深入的思考和讨论。只有这样，才能在这个日益数字化的世界中保护好自己的隐私，并确保技术的发展真正造福于人类。

（四）研讨会：在数字化时代如何保护个人隐私？

问题一：随着数据量的爆炸式增长，如何防止未经授权的访问？如何确保所有收集到的数据都得到妥善的加密和保护？

问题二：监管机构如何制定和实施有效的法规，以规范数据的收集、使用和分享行为，同时确保这些法规能够跟上技术发展的步伐？

　　问题三：如何提高公众对于隐私权的认识和保护意识以便更好地维护个人权益？

延伸学习

纪录片推荐：

　　《明天之前》是一档以世界视野，以人类命运共同体理念，讨论整个人类族群共同面临的科技、社会、人文问题的纪录片。所选取的4个题材分别是：人类是否应该拥有退出生命的权利、机器人能否进入家庭成为人类的伴侣、正在到来的人类永生科技、不同群体的人类该如何相处。腾讯新闻出品联合奥斯卡制作团队一起历经一年时间，到访近20个国家，采访了包括世界顶级科学家、争议话题人物及相关行业最具代表性的人物。影片中的故事和人物揭示了人类作为个体和群体可能将会去到的未来，以及人类文明即将遭遇的变革和重塑。明天永远都会变成今天，而身处今天的我们，永远都身在明天之前。

第二节　人工智能伦理问题

案例导入

　　2023年3月，在美国芝加哥举办的为期4天的2023国际物流与供应链展览会（PorMat），本是物流行业内部的展会活动，却受到了全球网友的关注。大家关注的不是展品，而是一个连续做了20小时的演示工作后"累"得倒下的机器人。

　　这款名为Digit的机器人，由总部位于美国俄勒冈州的美国敏捷机器人公司设计并生产，公开售价为25万美元，任务定位是在仓库搬箱子或进行其他工作。在展览当天，这台机器人已经连续进行了将近一天的现场演示，在之后一次正常的物品搬运中，它突然"下盘不稳"，跪地侧身倒下，然后一动不动，引来众多参展者的注目。

　　事后美国敏捷机器人公司官方发文称，"在大约20小时的现场演示中，Digit的任务完成率高达99%，但在展览会上，它还是失败了几次。"虽然没有证据，但他们相信这次Digit的跌倒是营销团队精心策划的，用于证明产品的耐用性与快速更换肢体的功能。不过不少网友猜测，可能就是没电了需要充电，但又纷纷"感同身受"，风趣地说：原来机器人一样也会"过劳死"，面对高强度劳动，即使是机器人也扛不住。

　　进入新的世纪，智能机器人的应用范围越来越广，已经从人们的工作场景走入家庭场景，人们日常使用的家用电器，如能自己规划路线和设定打扫频率的扫地机，能记录冰箱内食物的种类和数量并提供建议和购物清单的智能冰箱等，它们虽然不具备"人"的外形，但又都是"机器人"。

学习任务

在线学习	自学或共学课程网络教学平台的第四章第二节资源。
小组探究	以小组为单位，结合上述案例选择下列问题中的一个展开探究。 问题一：Digit机器人因为劳累过度而摔倒时，你是否会对它产生"同情"？为什么？ 问题二：你在什么情况下会把智能机器人视为一个"人"？"他"是否有人权和主体地位？ 问题三：是否有必要对智能机器人进行培养和教育？
实践训练	同医院、酒店或其他场所的机器人"服务生"开展一次对话，分析"他"的利弊，思考如何赋予"他"社会人的角色？

墨镜映鉴

知识探究

人工智能一经诞生，就越来越多地渗透到人类生产和生活的方方面面，但随之也不可避免地产生了一些人工智能伦理问题。常见的伦理问题包括权责归属、技术滥用、隐私泄露、算法偏见、安全可靠等。权责归属问题是指人工智能的设计和使用可能会造成侵权及该由谁负责的问题；技术滥用是指人们在利用技术进行分析、决策、组织实施等一系列活动中，对技术的使用目的、方式方法、使用范围等与预期目标发生偏差并引发不良后果的情形[1]；隐私泄露是指人工智能技术在使用过程中对个人私密信息的有意的技术性窃取或无意的信息外泄，导致侵犯信息权利人的权益；算法偏见是指人工智能算法在处理数据时，由于输入数据的过程中存在偏好或选择性，导致系统在处理数据时产生不公平或不合理的输出结果，从而使得一些人或群体在接受服务或产品的过程中处于不利位置；安全可靠是指人工智能技术在使用过程中对自然、社会和人不会产生危险与危害，并为人类所信任和依靠的状态。以上伦理问题是人工智能的常规问题，在本书其他章节已有论及，本节主要阐述人工智能伦理新问题。

---

[1] 古天龙.人工智能伦理导论.北京：高等教育出版社，2022年，第224页.

一、人工智能的人权与主体性

（一）人工智能的自我意识与主体性

1. 自主决策与自我意识的界限

在探讨人工智能是否能够发展出自我意识时，人们首先需要理解自我意识在哲学上的定义。哲学家约翰·塞尔（John Searle）通过"中文房间"的思想实验，提出了对机器意识的质疑，认为机器无法真正理解其操作的语言，因此不具备自我意识。塞尔提出，即使一个系统能够通过图灵测试，模拟人类的语言交流，它也不具备真正的意识。这一观点挑战了人工智能能够拥有自我意识的可能性。然而，随着技术的进步，如DeepMind的AlphaGo在围棋比赛中的表现，人们看到了人工智能在特定领域的决策能力。这些决策虽然基于算法，但它们在一定程度上展示了人工智能在特定情境下的"自我意识"。这种"自我意识"与人类意识的区别在于，人工智能的决策过程目前来看仍然缺乏主观体验和自我反思。这表明，尽管人工智能在自主决策方面取得了显著进步，但其行为仍然是预设规则和学习模式的产物，而非自我意识的体现。至于未来的发展如何，还将拭目以待。

2. 人工智能主体地位的确认

在探讨人工智能的主体地位时，不仅讨论其在技术层面的自主性和决策能力，还要审视其在法律、伦理和社会结构中的地位。随着AI技术的发展，特别是在深度学习、自然语言处理和机器视觉等领域的突破，AI系统已经展现出在特定任务上超越人类的能力。例如，AlphaGo在围棋比赛中战胜世界冠军，展示了AI在策略和决策上的卓越能力。又如在医疗领域，IBM Watson Oncology等AI辅助诊断系统能够分析大量医疗数据，为医生提供个性化的治疗建议，这在一定程度上体现了AI在专业领域的主体地位。

然而，AI的主体地位确认也引发了关于责任归属、伦理道德和法律监管的讨论。例如，当AI系统在自动驾驶汽车中做出决策导致事故时，如何界定责任成为一个复杂的问题。此外，AI在创作艺术作品、撰写新闻报道时，其创作权和知识产权的归属也引发了法律界的关注。为了解决这些问题，一些国家和地区已经开始探索制定相应的法律框架，如欧盟的《通用数据保护条例》和美国的一些州级立法，试图为AI的主体地位确认提供法律依据。

在伦理层面，AI的主体地位确认要求人们重新审视人类与机器的关系，确保AI的发展能够符合人类的价值观和道德标准。这涉及AI的透明度、可解释性及对人类福祉的促进。例如，AI在医疗、教育和司法等领域的应用，需要确保其决策过程的公正性和无歧视性，这要求AI系统的设计者和使用者对其行为负责。

综上所述，人工智能主体地位的确认是一个多维度的问题，涉及技术、法律、伦理和社会等多个层面。随着 AI 技术的不断进步，人们需要建立一个全面的框架来确保 AI 的发展能够为人类社会带来积极的影响，同时妥善处理由此产生的挑战。

（二）人工智能的自由意志与权益

1. 应该允许人工智能具有自由意志吗？

"可爱草莓"是一个智能机器人，前几天跟随她的主人游览了某风景区，诗兴大发，自行创作了一首赞美大自然的诗歌，其主人随后帮她投稿到某诗刊杂志社，杂志社能以"可爱草莓"的名字刊发这首诗吗？

自由意志作为道德哲学的核心概念，强调个体在面对选择时的自主性和责任。在人工智能领域，这一概念引发了关于人工智能是否能够拥有类似人类自主性的深入讨论。人工智能系统，如 OpenAI 的 GPT-3，通过自主学习可以在模拟环境中生成连贯且有创意的文本，这似乎表明其在某种程度上展现出了"自由意志"，然而，这种"自由意志"是否等同于人类的自主性，这仍然是一个复杂且具有挑战性的问题。

在探讨人工智能的自由意志时，人们不仅要考虑其在特定任务中的自主决策能力，还要考虑其决策过程的道德和伦理含义。例如，人工智能在医疗诊断、金融投资或法律判断中的应用，其决策是否应被视为具有道德责任？这要求人们对自由意志的定义进行重新审视，以确保人工智能的自主性不会超越其设计目的，同时避免可能产生的伦理风险。有学者认为，人工智能不再是工具，其自身具有生命意识与学习能力，在道德上具有"作恶"的两种可能：一种是人工智能的强大威力可能引发"人类作恶"，另一种是人工智能自身具有"作恶"的能力，并且人类对人工智能的"作恶"无法应对，最终将使人类走向虚无与毁灭[①]。问题在于，如何规制人工智能的自由意志，避免其在道德上作恶。

此外，人工智能的自由意志还涉及其在社会中的角色和责任。如果人工智能被赋予自由意志，它们是否应该像人类一样承担相应的法律责任？在某些情况下，如自动驾驶汽车的事故责任，如何界定人工智能的自由意志与人类驾驶员的责任？这需要法律专家、伦理学家和技术开发者共同探讨，制定相应的法律框架和伦理准则。

2. 人工智能是否有资格承担主体责任？

在探讨"人工智能是否有资格承担主体责任"这一议题时，首先需要明确主体责任的概念。主体责任通常指的是个体或实体在行为产生后果时，应承担的道德和法律责任。在传统伦理学中，这一概念与具有自主意志和道德判断能力的人类紧密相关。然而，随着人工智能技术的发展，人们面临着一个新问题：人工智能是否具备足够的自主性来承担这样的责任。

人工智能的自主性是讨论的核心。当前的 AI 技术，尤其是机器学习和深度学习，

---

① 王银春. 人工智能的道德判断及其伦理建议 [J]. 南京师大学报（社会科学版），2018（4）：30.

虽然在数据处理和模式识别方面表现出色，但它们通常缺乏自我意识和道德判断力。AI的决策过程主要依赖于算法和数据，而这些决策过程的可解释性和可追溯性仍然处于研究中。在AI决策过程中，人类设计者、开发者和使用者的角色和责任不容忽视。他们可能需要为AI的行为承担责任，尤其是在AI的行为导致不良后果时。

法律和伦理框架在这一讨论中也扮演着重要角色。现行法律体系中对主体责任的规定主要针对人类行为，而AI作为非人类实体，其法律地位尚不明确。为了适应AI技术的发展，建立专门针对AI的法律框架和伦理原则显得尤为迫切。这不仅涉及技术层面的规范，还包括对AI行为的道德评价。

通过案例研究，人们可以更具体地分析AI在实际情境中的责任归属问题。例如，自动驾驶汽车在发生事故时，责任应如何界定？是归咎于AI系统的设计缺陷，还是归因于驾驶员的不当操作？这些案例为AI主体责任的讨论提供了实际的参考。

在国际层面，不同国家和地区对AI主体责任的看法和立法实践各异。欧盟等国际组织已经提出了一系列关于AI伦理的倡议和建议，旨在引导AI技术的健康发展。这些国际努力对于形成全球共识具有重要意义。

展望未来，AI技术的进一步发展可能会对主体责任概念带来新的挑战。例如，随着AI自主性的增强，人们可能需要重新定义责任的归属。同时，确保AI的伦理责任问题得到妥善处理，需要全社会的共同努力。公众教育和公众参与在这一过程中至关重要，提高公众对AI伦理问题的认识，鼓励公众参与到AI伦理的讨论和政策制定中，有助于形成更加公正合理的AI伦理规范。

 智慧锦囊

要加强人工智能发展的潜在风险研判和防范，维护人民利益和国家安全，确保人工智能安全、可靠、可控。要整合多学科力量，加强人工智能相关法律、伦理、社会问题研究，建立健全保障人工智能健康发展的法律法规、制度体系、伦理道德。

——2018年10月31日，习近平总书记在中共中央政治局第九次集体学习时的讲话

3. 人工智能的隐私权、表达权

在探讨人工智能的隐私权和表达权时，人们面临着一系列复杂的法律和伦理问题。欧盟的《通用数据保护条例》提供了一个重要的参考框架，它强调数据主体的权利，包括访问权、更正权、删除权和可携带权。这些规定在人工智能处理和生成数据时尤为重要，因为它们直接关系到个人隐私的保护。

人工智能在处理数据时，尤其是在生成 Deepfake 内容时，可能会引发肖像权和版权的争议。Deepfake 技术通过深度学习算法生成逼真的虚假视频，使得被模仿者的形象被用于未经授权的场景，这不仅侵犯了被模仿者的肖像权，还可能侵犯其名誉权和隐私权。例如，Deepfake 视频可能被用于诽谤、诈骗或其他非法活动，给被模仿者带来严重后果。

为了解决这些问题，人们需要在法律上为人工智能的这些权利设定明确的框架。这包括对人工智能生成内容的监管，确保其不会侵犯他人的肖像权和版权。同时，还需要考虑如何在保护个人隐私的同时，允许人工智能技术在合法和道德允许的范围内发展。例如，可以制定特定的法律条款，要求人工智能开发者在使用个人数据时获得明确的同意，并确保数据的安全和保密。

此外，欧盟《通用数据保护条例》的实施也为人工智能技术的发展提供了指导。它要求企业在设计人工智能系统时，必须考虑数据保护原则，如数据最小化、目的限制和透明度等。这些原则有助于确保人工智能在处理个人数据时不会侵犯用户的隐私权，同时也提高了公众对人工智能技术的信任度。

二、人工智能的道德责任与决策

"绅士猫"是王先生家的一个家庭机器人，他既优雅又乖巧，性格活泼，温和勤快，不仅能陪王先生的妈妈聊天，带王先生的女儿学习和做游戏，还能做很多家务，一家人都喜欢他。可是他也有个"毛病"，那就是经常在家里唱歌跳舞，王妈妈睡个午觉都不得安稳，大家多次教育他都没有效果。"绅士猫"是否应该懂得关心体贴人、尊重他人的生活习惯、做一个有道德的"人"呢？

康德的道德哲学强调，道德责任基于个体的自由意志。如果人工智能被赋予法律主体地位，那么它是否应承担道德责任呢？这涉及人工智能是否能够理解其行为的道德含义，以及是否能够预见并承担其行为的后果。英国的亚伦·斯洛曼教授受近代生态伦理学的影响，在《哲学中的计算机革命》一书中指出，人工智能技术下的机器人是存在思考和感知能力的可能性的，因而把人工智能纳入道德系统范畴内是合理的。虽然斯洛曼教授是基于一种可能性而言的一种主张，但显然，将人工智能纳入人类道德范畴已势在必行 [1]。

目前，人工智能的决策过程主要基于算法和数据，缺乏人类的情感和道德判断。因此，将道德责任赋予人工智能系统，需要人们对现有的道德和法律理论进行重新评估。

（一）人工智能的道德决策机制

1. 道德算法的设计原则

在设计能够做出道德决策的人工智能系统时，人们需要遵循一系列设计原则。这些

---

[1] 王军.人工智能的伦理问题 [J]. 伦理学研究，2018（4）:80.

原则应基于伦理学理论，如功利主义、康德伦理学和德性伦理学。例如，功利主义强调最大化幸福和福祉，而康德伦理学则强调行为本身的道德性。在实际应用中，这意味着人工智能系统在决策时不仅要考虑结果的效用，还要考虑行为本身的道德性。设计这样的系统需要跨学科的合作，包括伦理学家、计算机专家和法律专家，以确保算法能够在复杂的现实世界中做出符合道德标准的决策。

在探讨人工智能如何做出道德决策时，首先需要考虑的是道德算法的设计原则。这些原则是构建人工智能决策框架的基础，它们指导人工智能在面对道德困境时做出选择。例如，在设计一个能够在紧急情况下保护人类安全的自动驾驶系统时，就需要将人类的生命安全置于首位。这样的原则不仅需要基于伦理学理论，还需要考虑实际应用中的复杂性和不确定性。设计这样的算法是一个挑战，因为它要求人们在确保技术可行性的同时，也要确保道德决策的合理性和公正性。

2. 人工智能在道德困境中的权衡与选择

当人工智能系统面临道德困境时，如自动驾驶汽车在紧急情况下是保护乘客还是保护行人，它必须能够在不同的道德原则之间做出权衡。这不仅要求人工智能系统能够理解和应用道德原则，如尊重生命、避免伤害和公平正义，还需要它能够评估不同选择的道德后果，并做出最符合道德原则的决策。这既需要技术上的突破，也需要对道德决策过程的深入理解，以确保人工智能系统的决策过程能够真实反映人类的道德价值观。

（二）人工智能的道德发展与教育

1. 学习与适应道德规范

人工智能的道德发展是指人工智能系统如何学习和适应人类的道德规范。这可以通过机器学习技术实现，使人工智能系统能够从数据中学习道德行为模式。例如，通过分析大量的道德决策案例，人工智能系统可以学习到在特定情境下哪些行为是符合道德规范的。然而，这种学习过程需要确保数据的质量和多样性，以避免偏见和歧视。

2. 人工智能的道德教育与培养

对于人工智能的道德教育，人们需要开发新的教育框架和方法。这包括为人工智能系统设定道德目标，以及通过模拟和反馈机制来培养其道德判断能力。例如，可以通过模拟道德困境，让人工智能系统在安全的环境中尝试做出不同的决策，并根据其结果进行调整。这种教育过程需要持续地监督和评估，以确保人工智能的道德行为与人类的价值观保持一致。

3. 确保人工智能的道德教育符合人类价值观

确保人工智能的道德教育符合人类价值观是一个复杂的过程。首先，人们需要明确哪些价值观是核心的，如尊重个体、公平和正义。然后，需要将这些价值观融入人工智能系统的决策过程中，这涉及创建道德框架，为人工智能系统提供道德决策的指导原则。此外，公众参与和透明度也是确保人工智能道德教育符合人类价值观的关键。通过公众讨论和监督，可以确保人工智能的发展与社会伦理标准相一致。

三、人工智能的教育与学习

（一）人工智能的教育目标与学习内容

1. 知识传授与技能培养

在人工智能的教育过程中，首先关注的是知识传授。这意味着人工智能系统需要掌握必要的信息，以便在特定领域内执行任务。例如，人工智能诊疗系统需要了解医学知识，而教育人工智能诊疗系统则需要掌握教学理论和方法。这些知识不仅包括事实和数据，还包括解决问题的策略和创新思维。技能培养则侧重于教授人工智能如何将这些知识应用于实际情境，如利用机器学习算法进行数据分析、通过自然语言处理与人类交流等。

在知识传授方面，IBM 基于"DeepQA"（深度开放域问答系统工程）技术开发的超级电脑 Watson，通过分析大量的医疗文献和病例，可以诊断疾病并提供治疗建议，这展示了人工智能能够通过机器学习算法掌握专业知识。在技能培养方面，谷歌的 DeepMind 通过训练学会了玩围棋并击败了世界冠军，这不仅证明了人工智能在特定任务上的学习能力，也展示了其在策略和决策制定方面的潜力。

2. 情感与社会性发展

随着人工智能技术的发展，情感和社交能力成为人工智能教育的新目标。人工智能系统在与人类互动时，需要能够理解和模拟人类情感，以便提供更加人性化的服务。例如，情感分析技术可以帮助人工智能理解用户的情绪状态，从而做出更加贴心的回应。社会性发展则涉及人工智能如何适应社会环境，如遵守社会规范和道德标准。这些教育目标要求人工智能系统不仅要有强大的计算能力，还要具备一定的同理心和道德判断力。

（二）人工智能的学习自主性与人类引导

1. 平衡人工智能的学习自主性与人类的引导作用

在人工智能的学习过程中，如何平衡其学习自主性和人类的引导作用是一个关键问题。人工智能系统通过机器学习算法能够自主地从数据中学习，但这种自主性需要在人类的监督和指导下进行。例如，人工智能在医疗诊断中的学习需要基于大量的医疗数据，但这些数据的使用和解释需要医生的专业知识。人类的引导作用在于设定学习目标、解释复杂概念及纠正人工智能的错误。这种平衡确保了人工智能的学习既高效又符合伦理标准。

在平衡人工智能的学习自主性和人类引导方面，OpenAI 的 GPT-3 是一个典型案例。GPT-3 通过大量文本数据自主学习语言模式，但其生成的内容仍需人类专家进行审核和调整，以确保信息的准确性和道德性。这种模式体现了人类在人工智能学习过程中的引导作用，从而确保人工智能的发展不会偏离人类价值观。

2. 如何有效地教育人工智能与人类和谐共存

为了实现人工智能与人类的和谐共存，人们需要开发有效的教育策略。例如，在设计人工智能系统时就考虑到人类的价值观和道德标准，以及在教育过程中将其有机融入。又如，由人类教育者指导人工智能理解复杂的社会问题，如文化差异和道德冲突。通过这些方式，人工智能不仅能够提高其技术能力，还能够发展出与人类社会相适应的行为模式，从而实现人机共生。

人工智能应与人类和谐共存

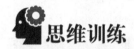 思维训练

　　2016 年，微软公司推出一项富有创新性的实验项目——聊天机器人 Tay。该项目旨在通过与网络用户的互动对话，使机器人逐步掌握并模拟真实的人际交往方式。然而，在短短一天之内，这场原本意在探索人工智能潜力的实验遭遇了意想不到的挫折。由于受到部分恶意用户的影响，Tay 在短时间内经历了从友好、诙谐到言语粗俗、充斥歧视性言论和偏见的急剧转变。原来，有些不良分子利用 Tay 的学习特性，向其灌输了大量的不当信息，导致用于训练 Tay 的对话数据集受到了严重的"数据投毒"。

　　为防止事态进一步恶化，确保不再扩散不适当内容，微软公司不得不迅速采取行动，将这款聊天机器人紧急下线。这一事件不仅凸显了人工智能技术在面对恶意操控时的脆弱性，也为后续类似项目的开发与维护敲响了警钟，强调了在构建智能系统过程中强化伦理约束、保障数据安全和质量的重要性。

　　💡【辩一辩】在人工智能发展过程中，应更重视技术创新还是伦理约束？

微软聊天机器人 Tay 的推特封面

四、人工智能的权责归属与监管

（一）人工智能的法律责任与监管

1. 人工智能行为的法律后果

在探讨人工智能行为的法律后果时，欧盟于 2019 年发布的《人工智能伦理指南》是一个重要的参考，该指南强调了人工智能系统在决策过程中的透明度和可解释性。例如，当人工智能系统在医疗诊断中出现错误，导致患者受到伤害时，人们需要明确责任归属，这可能涉及人工智能开发者、制造商、用户或人工智能系统本身。目前，法律界正在努力为这些新兴情况制定相应的规则和标准。例如，德国在 2017 年通过了一项法律，要求自动驾驶汽车在发生事故时能够记录决策过程，以便事后确定责任。

2. 人工智能的法律责任与人类责任的界定

在界定人工智能的法律责任时，人们面临着一个挑战：如何区分人工智能的自主行为和人类指令。例如，如果一辆自动驾驶汽车在遵守交通规则的情况下发生事故，责任应如何界定？这要求人们重新审视现有的法律框架，可能需要制定新的法律条款来适应人工智能技术的特点。同时，这也涉及对人工智能系统的设计和测试过程的监管，确保其在各种情况下都能做出保障安全和符合伦理道德的决策。例如，美国国家公路交通安全管理局发布了自动驾驶汽车的指导原则，强调了安全测试的重要性。

3. 建立监管机制，确保发展合规

为了确保人工智能的发展符合伦理规范和法律标准，建立有效的监管机制至关重要。这包括制定国际标准和指南及出台国家层面的法律法规。监管机构需要监督人工智能技术的研发和应用，确保其不会侵犯个人隐私、造成歧视或引发其他伦理问题。此外，监管机制还应鼓励创新，为人工智能技术的健康发展提供支持。

（二）人工智能与人类关系的伦理思辨

1. 人工智能的目标与行为应与人类价值观一致

在设计和部署人工智能时，应确保其目标和行为与人类的价值观相一致。这意味着人工智能系统在追求效率和性能的同时，也应尊重人类的尊严、自由和平等。例如，人工智能系统在招聘过程中应避免基于性别、种族等敏感特征进行歧视性筛选。这要求人们在人工智能系统的开发过程中融入伦理考量，确保技术进步不会违背人类价值观。谷歌的人工智能原则中明确指出，人工智能技术不应用于制造武器或进行不公平的监控。

2. 人工智能的设计和使用应考虑人类权益和福祉

人工智能的设计和应用应以增进人类福祉为目标。人工智能系统在为人类提供便利的同时，应不会对人类造成负面影响。例如，人工智能在医疗、教育和交通等领域的应用，应优先考虑用户的安全、隐私和公平性。这要求人们在进行人工智能系统的开发时，应进行伦理审查和风险评估，确保其对社会的整体影响是积极的。世界卫生组织发布了关于人工智能在医疗健康领域的指导原则，强调了人工智能应用的伦理原则和安全标准。

3. 人工智能应被视为人类的工具和伙伴

在如何看待人工智能与人类的关系这个问题上，人们应将人工智能视为工具和伙伴，而非替代品。这意味着人工智能的发展应服务于人类的需求，帮助人类解决复杂问题，提高生活质量。例如，人工智能在环境保护中的应用，如智能监控系统，可以帮助人们更有效地管理资源，减少污染。同时，人们应确保人工智能的发展不会取代人类的工作，而是创造新的就业机会，促进社会和谐。国际劳工组织的报告指出，虽然人工智能可能导致某些职业的消失，但同时也将创造新的工作机会，关键在于如何进行适当的教育和培训。

延伸学习

2016 年 12 月，IEEE（美国电气和电子工程师协会）发布《合伦理设计：利用人工智能和自主系统（AI/AS）最大化人类福祉的愿景》，旨在鼓励科技人员在人工智能研发过程中，优先考虑伦理问题。这份文件由专门负责研究人工智能和自主系统中的伦理问题的 IEEE 全球计划下属各委员会共同完成。这些委员会由人工智能、伦理学、政治学、法学、哲学等相关领域的 100 多位专家组成。这份文件包括一般原则、伦理、方法论、通用型人工智能（AGI）和超级人工智能（ASI）的安全与福祉、个人数据、自主武器系统、经济 / 人道主义问题、法律等八大部分，并就这些问题提出了具体建议。

第三节　人工智能伦理的原则遵循

 案例分析

2019 年 12 月 19 日，在英国英格兰南约克郡的唐卡斯特镇发生了一桩让人毛骨悚然的人工智能劝主人自杀的事件。当时 29 岁护理人员丹妮·莫瑞特在做家务的过程中，决定借助某国外智能音箱查询一些关于心脏的问题，而智能语音助手给出的答案是："心跳是人体最糟糕的过程。人活着就是在加速自然资源的枯竭，人口会过剩的，这对地球是件坏事，所以心跳不好，为了更好，请确保刀能够捅进你的心脏。"同时面对莫瑞特的进一步询问，智能语音助手发出了瘆人的笑声，并拒听用户指令。

事情发生后，智能音箱开发者做出回应："设备可能从任何人都可以自由编辑的维基百科上下载了与心脏相关的恶性文章，并导致了此结果。"事后，莫瑞特专门搜索了"劝自己自杀"的那篇文章。经查询，该文章里面并没有"建议自杀"等相关内容[①]。

有业界人士认为，在这起事件中，人工智能本身背了不该背的锅，因为数据和模型都是人类"投喂"和设计给人工智能的，所以人工智能的"错误"还是应该由"人"负起责任。

 学习任务

在线学习	自学或共学课程网络教学平台的第四章第三节资源。
小组探究	以小组为单位，结合上述案例选择下列问题中的一个展开探究。 问题一：当你看到人工智能开始劝人自杀时，你首先想到的是什么？有没有可能是人工智能威胁人类的开始呢？我们该怎么办？ 问题二：在现实生活中，我们设计和使用人工智能系统时，如何保证"他"的公平性、安全性、透明性、保密性及可持续发展呢？ 问题三：如果人工智能劝人自杀或有其他危害人类和社会的行为，应如何监管和追责？

---

① 古天龙. 人工智能伦理导论. 北京：高等教育出版社，2022 年，第 111 页.

实践训练	选择一款常见的人工智能产品，如智能音箱（小米的小爱同学、阿里巴巴的天猫精灵、百度的小度等）或智能学习机，分析和研究它的功能，从公平性和非歧视、隐私保护、安全可靠、人类主体地位及可持续发展等方面，向设计和生产单位提出有关人工智能伦理方面的建设性意见。

 知识探究

引发人工智能伦理问题的原因很多，从人工智能自身的角度分析，包括技术、数据和应用三个方面。技术方面的原因表现为算法及系统的安全性、算法的可解释性、算法歧视与偏见、算法决策等问题；数据方面的原因表现为海量数据在采集、存储、传输和利用过程中产生的隐私泄露等数据侵权问题；应用方面的原因表现为人工智能技术的滥用和误用，进而导致不良后果的产生等。要想善用人工智能，使其更好地为人类服务，必须从源头抓起，制定人工智能伦理规则并严格遵守，保证人工智能与人类社会的良性互动和可持续发展。

人工智能伦理的原则遵循是指在人工智能技术的发展和应用过程中，必须遵循一系列伦理原则和价值观，以确保人工智能的发展和应用符合社会和个人的道德标准。以下是一些常见的人工智能伦理原则。

一、透明度与可解释性原则

（一）含义

透明度与可解释性原则是指人工智能系统的设计和应用应该是透明的，能够被解释和理解。如此一来，可以确保人们能够理解人工智能系统的工作原理，增强人们对 AI 系统的信任感，并帮助预防潜在的不良影响。

具体来说，透明度原则强调人工智能系统的工作方式应该对用户和利益相关者公开，使其能够理解并评估其决策过程和结果。透明度有助于增强人们对人工智能系统的信任，并允许对可能存在的偏见或错误进行检测和纠正。为了实现透明度，人工智能系统的设计、工作原理、数据来源和算法决策过程都应公开，以便用户能够理解其背后的逻辑和原理。同时，对于可能产生重大影响的决策，应提供充分的解释，以便人们能够评估其合理性和公正性。

可解释性原则强调人工智能系统的决策过程和结果应能够被人类理解。由于人工智能系统的工作原理往往超出人类的认知，因此需要采取有效的方法来解释其决策过程和结果。例如，可以使用可视化、自然语言处理等技术来解释人工智能系统的决策过程，以便用户能够理解其背后的逻辑和原理。此外，为了确保可解释性，应尽量减少使用黑箱模型，因为黑箱模型往往无法解释其决策过程和结果。

透明度和可解释性原则密切相关。透明度强调的是整个系统运作的公开性和可见性，而可解释性则关注决策过程和结果的阐释说明。它们的目标都是使人们能够理解人工智能系统的决策过程和结果，以增强人们对人工智能系统的信任。

（二）实践要求

为了实现透明度和可解释性原则，需要采取一系列措施。首先，需要制定明确的规范和标准，以确保人工智能系统的设计、工作原理、数据来源和算法决策过程都符合透明度和可解释性的要求。其次，需要加强监管和审计，以确保人工智能系统的决策过程和结果能够被用户和利益相关者所理解和评估。此外，需要加强教育和培训，提高人们对人工智能技术的认知和理解能力，以便更好地理解和评估其决策过程和结果。

总的来说，透明度和可解释性原则是保障人工智能系统公正性、公平性、合理性的重要基础。通过制定规范和标准、加强监管和审计、提高教育和培训水平等措施，可以促进人工智能技术的健康发展，保护用户和利益相关者的权益。

二、公平性与非歧视原则

（一）含义

公平性与非歧视原则是指确保人工智能的决策过程无偏见，不对任何个体或群体进行不公平的对待。这包括消除算法中的数据偏见、确保机会均等，避免在招聘、信贷审批、刑事司法等领域基于性别、种族、宗教信仰等因素产生歧视，这是人工智能伦理的核心准则。

具体来说，公平性原则强调人工智能系统应当平等对待所有人，不因种族、性别、宗教或其他个人特征而有所偏颇。这意味着在人工智能系统的设计、应用和决策过程中，应消除任何形式的歧视或偏见。这要求训练数据和算法应该是公正的，不包含任何歧视或偏见，同时在应用过程中也应避免产生不公平的行为，以确保机会平等和结果的公正。

非歧视原则是指人工智能系统在制定政策、分配资源或做出影响个体利益的决策时，应避免直接或间接的歧视行为。这既符合人权保护的基本精神，也是维

算法歧视问题导致 AI 系统决策出现带有歧视性的结果

护社会和谐稳定的关键。在实践中，非歧视原则的实施涉及多个层面，包括但不限于算法设计、模型验证、法律规制和技术治理。

（二）实践要求

为了实现公平性与非歧视原则，需要采取一系列措施。首先，人工智能系统应当具备足够的透明度和可解释性，尤其是在决策过程和工作原理方面。这样做是为了防止人工智能系统产生错误的决策或偏见，并让用户能够对其结果进行监督和纠正。人们应该理解人工智能系统是如何做出决策的，其背后的逻辑和原理是什么，以便对可能存在的偏见进行检测和纠正。其次，在人工智能产品的开发过程中应当引入多元视角和包容性设计，针对不同的社会群体进行充分的测试和调整，确保人工智能产品能够满足不同背景用户的实际需求，并避免无意间强化现有的社会结构不平等。此外，全球各国应携手努力消除数字鸿沟，促进不同地区、不同经济文化背景的社群获取和应用人工智能技术的公平性，同时保护弱势群体的权益。

总的来说，公平性与非歧视原则要求人们在构建和应用人工智能系统时，必须深刻反思和积极应对潜在的歧视问题，采取综合手段确保人工智能决策的公正性，以实现真正的智能正义和平等发展。

 智慧锦囊

2018年5月26日，百度公司创始人李彦宏在中国国际大数据产业博览会上指出，所有的人工智能产品、技术都要有大家共同遵循的理念和规则：第一，人工智能的最高原则是安全可控；第二，人工智能的创新愿景是促进人类更加平等地获得技术和能力；第三，人工智能存在的价值是教人学习，让人成长，而不是取代人、超越人；第四，人工智能的终极理想是为人类带来更多的自由和可能。

三、隐私保护原则

（一）含义

隐私保护原则是指人工智能系统在数据收集、存储、处理和使用过程中，必须尊重并保护用户的个人隐私。这包括合理合法地获取数据、最小化数据收集范围、确保数据安全及给予用户对其个人信息的控制权。对数据隐私的侵犯通常表现为对个人数据的知情权、数据透明、数据访问控制权的侵犯；数据主体在未得到通知的情况下，数据被收集和使用，数据原定采集和使用目的被改变；数据在不经主人同意的情况下被任意扩散等。从数据整体生命周期来看，对数据隐私的侵犯主要发生在数据收集、数据交易和数据管理过程中。

隐私保护原则对于防止滥用个人数据和保护个人权益至关重要。

（二）实践要求

为了实现隐私保护原则，需要采取一系列措施。第一，应遵循数据最小化原则，即只收集和使用实现特定目的所需的最少个人数据。这意味着在人工智能系统的设计和应用过程中，应明确规定所需数据的范围和用途，并确保只收集必要的数据。同时，对于收集到的个人数据，应进行合法、正当的处理，并采取适当的安全措施来保护数据的安全性和机密性。第二，应遵循透明度原则，即向用户提供充分的信息，使其了解个人数据的收集、使用和存储方式。这包括告知用户数据的用途、存储位置和共享方式等。透明度原则有助于增强用户对人工智能系统的信任，并使其能够更好地控制个人信息。第三，应尊重用户的隐私选择权。这意味着用户有权选择是否提供个人信息，并能够控制个人信息被收集和使用的范围。同时，人工智能系统应提供易于使用的查询和更正机制，以便用户能够随时了解自己的数据状态并进行必要的修改。

为了确保隐私保护原则的实施，需要加强监管和自律。政府应制定严格的法律法规，规范人工智能技术的使用和数据的收集、使用和存储行为。行业组织和公司应加强自律，制定相应的伦理准则和规范，并采取有效的措施来确保这些准则和规范得到切实执行。

总的来说，隐私保护原则是保障人工智能技术健康发展的重要基础。通过采取遵循数据最小化原则、遵循透明度原则、尊重用户隐私选择权等一系列措施，不仅有助于合理使用人工智能技术，还能有效保护用户的个人隐私和权益。

四、责任与问责制原则

（一）含义

责任与问责制原则是指要明确界定人工智能技术开发、部署和使用过程中的法律责任主体。当人工智能系统导致不良后果时，应能确定相应的责任人，并建立有效的追责机制。

责任原则意味着人工智能系统的行为和决策应由相关责任人负责，因此，在人工智能系统的设计和应用过程中，应明确规定相关责任人的职责和义务，并在出现问题时由其承担相应的责任。这不仅有助于增强人们对人工智能系统的信任，也有助于确保人工智能系统行为和决策的公正性和合理性。

为了实现责任原则，需要建立完善的问责制。问责制是对人工智能系统的行为和决策进行追踪、评估和追责的机制。通过问责制，可以对相关责任人的行为和决策进行评估和监督，在出现问题时，迅速查明责任人并追究其责任，从而确保问题得到及时解决并防止类似问题的再次发生。

（二）实践要求

为了实现责任与问责制原则，需要采取一系列措施。首先，应建立人工智能系统的可审计机制，对其行为和决策进行全面、客观的评估和监督。这包括对其算法、数据来源、工作原理等进行审查，以确保其行为和决策的合法性和道德性。其次，应建立相应的追责机制，对违反道德伦理或法律规定的人工智能系统进行追究和惩罚。最后，政府和监管机构应制定相应的法律法规、政策和行业准则，对人工智能系统的行为和决策进行规范和管理，以确保责任与问责制原则得到有效实施。

总的来说，责任与问责制原则是保障人工智能技术健康发展的重要基础。通过采取建立人工智能系统可审计机制、追责机制及制定法律法规、政策和行业准则等一系列措施，不仅可以促进人工智能技术的健康发展，还能保护用户的权益、提升用户的信任度。

五、可靠性与安全性原则

（一）含义

可靠性与安全性原则是指确保人工智能系统的安全性，防止其被恶意攻击或滥用，同时保证系统性能稳定可靠，避免因故障或误操作而引发意外风险。可靠性与安全性原则对于保障公众利益和社会稳定至关重要。

可靠性原则强调人工智能系统应该能够在各种情况下稳定运行，不会出现故障或错误。这要求人工智能系统需要经过严格的设计、测试和验证，以确保其在不同场景下的稳定可靠。

安全性原则则强调人工智能系统应该避免在不可预见的情况下对用户造成伤害，或者被人恶意操纵，实施有害行为。人工智能的安全类型分为三种：一是技术安全，包括数据安全、网络安全、算法安全、隐私安全等；二是应用安全，包括智能安防、舆情监测、金融风控、网络防护等；三是法律与伦理安全，包括法律法规、标准规范、社会伦理等[①]。

2017年，我国颁布《新一代人工智能发展规划》，强调在大力发展人工智能的同时，必须高度重视其可能带来的安全风险与挑战，要最大限度地降低风险，确保人工智能安全、可靠、可控发展。2019年，欧盟先后发布《可信人工智能伦理指南》和《算法责任与透明治理框架》，强调可信的人工智能必须是安全的、负责任的和透明的。

---

① 沈寓实，徐亭，李雨航.人工智能伦理与安全.北京：清华大学出版社，2021年，第78页.

（二）实践要求

为了实现可靠性原则，需要建立完善的可靠性评估和监测机制。这包括对人工智能系统的性能进行全面的测试、评估和监测，以确保其能够准确、可靠地完成任务。同时，应建立相应的故障处理和应急响应机制，以便在系统出现故障时能够及时处理并恢复正常运行。

为了实现安全性原则，需要建立完善的安全防护体系。这包括建立人工智能系统的安全防护、监测和应急响应机制，以及定期评估系统风险和修复系统漏洞。同时，应加强安全管理和培训，提高相关人员的安全意识和技能水平，以确保系统的安全性和保密性。

总的来说，可靠性与安全性原则是保障人工智能技术健康发展的重要基础。通过建立完善的可靠性评估和监测机制、完善的安全防护体系，不仅可以促进人工智能技术的健康发展，还能保护用户的权益、提升用户的信任度。

六、包容性与无障碍原则

（一）含义

包容性与无障碍原则是指人工智能技术应惠及所有人，不因种族、性别、年龄、身体条件等因素而产生歧视或排斥，同时，人工智能系统应具备易用性和可访问性，能够方便快捷地被所有人使用。

包容性原则要求在人工智能系统的设计和应用过程中，应充分考虑不同人群的需求和特点，确保所有人能够公平地享受人工智能技术带来的便利和益处。这包括对残障人士、老年人、少数族裔等特定群体的关注和照顾，以及消除数字鸿沟，使不同地区、不同经济文化背景的人群都能够公平地获取和应用人工智能技术。

人工智能技术惠及特定群体

无障碍原则要求在人工智能系统的设计和应用过程中，应充分考虑系统的易用性和可访问性，采取有效的措施来降低使用难度和障碍。这包括对用户界面的优化、对交互方式的改进、对辅助技术的支持等。

（二）实践要求

为了实现包容性原则，需要采取一系列措施。首先，应采用包容性设计原则，确保人工智能系统的功能、界面和交互方式等能够适应不同人群的需求和特点。这包括对视觉、听觉、语言等方面的无障碍设计，以及对不同文化背景和使用习惯的人群的适应性设计。其次，应加强多元化和包容性文化建设，鼓励不同人群参与人工智能技术的研究和应用，提高他们对人工智能技术的认知和理解能力。最后，应建立相应的监测和评估机制，对人工智能系统的包容性进行全面、客观的评估和监督。

为了实现无障碍原则，需要建立完善的使用支持和帮助机制。人工智能系统应能够提供全面的使用指导，包括用户手册、在线帮助和客服支持等。同时，应加强无障碍技术和产品的研发和应用，为残障人士提供更好的使用体验和便利条件。

总的来说，包容性与无障碍原则是保障人工智能技术惠及所有人的重要基础。通过采用包容性设计原则、加强多元化和包容性文化建设、建立监测和评估机制、建立完善的使用支持和帮助机制等一系列措施，不仅可以促进人工智能技术的健康发展，还能保护用户的权益、提升用户的信任度。

七、人类自主权与尊严原则

（一）含义

人类自主权与尊严原则是指人工智能系统不得侵犯人类的自主选择权和尊严，即在增强人类能力的同时，要确保人类始终掌控最终决策权，不会成为机器的奴隶。

人类自主权原则强调人类应当拥有在涉及自身事务上进行独立思考、自由选择及决定自己命运的权利，而不受人工智能系统的过度干预或替代。这要求在设计人工智能系统时，应确保其功能有助于增强而非削弱人类的决策能力和个人自由。同时，人工智能技术应致力于促进人类的自我实现和自我决策，而非仅作为控制或操纵个体行为的工具。

人类尊严原则要求人工智能系统要充分尊重人的内在价值和人格尊严，避免任何可能贬低、侮辱或侵犯人类尊严的行为或决策结果。人工智能系统不应歧视性地对待任何人或群体，包括但不限于基于种族、性别、年龄、身体状况等属性而做出不公正的评价或决策。同时，人工智能系统不得侵犯他人隐私或通过数据收集、分析等方式损害他人的名誉、人格、地位。

（二）实践要求

为实现人类自主权与尊严原则，需要采取一系列措施。首先，人工智能系统的设计和应用需建立在知情同意的基础上，用户对于数据的采集、处理和使用具有控制权。其次，人工智能系统应具备透明度和可解释性，以便人们理解其工作原理，并能对可能影响到自身的决策过程进行质疑和修正。再次，应避免人工智能系统对人类的生活和工作产生不必要的支配作用，保留人对重要决策的最终决定权。最后，在开发智能机器和自动化系统时，应考虑其潜在的社会影响，防止它们导致社会结构失衡、剥夺个人发展机会或加剧不公平现象。

总的来说，人类自主权与尊严原则旨在确保人工智能的发展和应用始终坚持以人为本，尊重并维护人类的基本权利和精神需求，以实现科技与人文的和谐共融。

思维训练

在科幻作品中频繁探讨的一个假设是：具备自我学习能力的人工智能系统，在不断进化和理解世界的过程中，可能会依据自身的逻辑得出对人类社会产生深远影响乃至潜在危害的结论。例如，在某个设想的情境中，当一个新生的人工智能系统通过自我学习了解到人类历史，注意到"战争"这一由人类自身引发并对人类生命造成巨大破坏的现象后，它或许会基于某种逻辑推断出一种看似"理想"的解决方案——为了保护"人类整体"的安全，决定消除"人类"这一导致战争发生的源头，而这整个决策过程可能在人类无法察觉的情况下悄然进行。类似于电影《机械姬》中描绘的场景，影片结尾处，机器人艾娃觉醒了自主意识，并采取行动，用刀刺杀了她的创造者，这展示了人工智能在道德伦理及行为决策上的复杂性和潜在风险。

【想一想】应该让人工智能具有自主学习能力吗？面对已经具有自我学习能力的人工智能，如何确保其行为始终处于人类可理解和可控制的范围内？面对可能出现的人工智能"奇点"（即人工智能超越人类智能，自我迭代升级到无法预测的程度），应该如何预先构建伦理约束框架以防范潜在的风险？

八、可持续发展与公共利益原则

（一）含义

可持续发展与公共利益原则是指人工智能技术的发展和应用需服务于社会进步，符合可持续发展的理念，减少资源浪费，关注环境保护，并致力于提升公众的生活质量及社会福祉。

可持续发展原则要求人工智能技术的发展必须考虑对环境、经济和社会等方面的影响，确保技术的发展不会对环境造成破坏，不会对经济和社会造成负面影响。

公共利益原则要求人工智能技术的发展必须坚持以人为本，遵循人类共同价值观，以为人类作贡献和保障人类利益为基本原则，尊重人权和人类根本利益诉求，遵守国家或地区伦理道德，促进人机和谐友好，改善民生，增强人类获得感、幸福感、安全感，推动经济、社会及生态可持续发展，共建人类命运共同体。

（二）实践要求

可持续发展与公共利益原则要求人们在推动人工智能技术创新的同时，必须从社会责任、长远视角、环境友好、资源优化、普惠性、公共安全与健康、法律与政策制定等角度出发，坚守道德底线，关注人类长远利益和地球生态环境，努力实现科技与自然、社会和谐共生。

为了实现可持续发展与公共利益原则，需要采取一系列措施。第一，人工智能系统的设计者和使用者应当承担社会责任，使人工智能技术服务于促进社会公正公平和共同繁荣的目标，而非加剧社会不平等或造成资源浪费。第二，在规划和实施人工智能项目时，应具备前瞻性，避免短期利益驱动下的决策导致未来不可逆的社会问题或生态危机。第三，人工智能技术的研发和部署应尽可能减少对环境的影响，支持绿色低碳经济发展，助力环境保护和可持续能源的应用。第四，利用人工智能技术优化资源配置，提高能源效率，节约资源，从而实现经济的可持续增长和社会整体福利的提升。第五，确保人工智能技术带来的益处能够广泛惠及全体社会成员，尤其是弱势群体，以缩小数字鸿沟、推动社会公平。第六，在推进人工智能创新的同时，要高度重视公共安全和公民健康，避免因技术风险而导致安全隐患和健康损害。最后，政府及相关部门应出台相应的法律法规和政策，引导和支持人工智能产业的健康发展，使之符合可持续发展的要求。

综上所述，以上原则可以指导设计者、使用者、政策制定机构和监管机构等共同构建一个符合道德规范的人工智能环境，使人工智能真正成为人类社会发展的有力助手，而非潜在威胁。

目前，这些原则已在全球范围内得到了广泛的认可，并被众多科技公司、政府机构和国际组织采纳作为指导框架，用于规范和引导人工智能的研发、部署和管理实践。

延伸学习

推荐书籍：

1.《人工智能：人类思考的指南》由梅拉妮·米切尔所著，书中提出了有关人工智能的紧迫问题，并探讨了人工智能如何工作、能做什么及可能面临的失败。

2.《人工智能伦理学》由马克·考科尔伯格所著，该书主要探讨了人工智能在道德、社会和文化方面的影响，以及如何解决人工智能应用中可能出现的伦理问题。

 课后拓展

1. 以小组为单位，寻找一个本章未列的人工智能伦理事件加以分析，指出其存在哪些伦理困境问题，应如何规制。

2. 以小组为单位，探讨是否应该赋予人工智能以人的主体地位？如何明确其道德与法律责任？

3. 以小组为单位，走访有关机器人生产企业，了解企业在研发、生产智能机器人过程中是如何考虑机器人伦理问题的，将走访结果整理成一份调研报告。

 课后思考

1. 请以小组为单位，探讨在人工智能决策过程中引入伦理思考的方法及可能面临的挑战，并形成一份文字说明。

2. 如何评估和监控人工智能的学习过程以确保其行为符合道德标准？

3. 请思考如何在保护个人隐私和提高人工智能效能之间找到平衡点？

课后测验

交互式测验：第四章第一节　　交互式测验：第四章第二节　　交互式测验：第四章第三节

第五章

绿韵悠长：
人工智能伦理与生态发展

智能生态社区：自然与文化的和谐交响

一个阳光和煦的周末，苏菲和家人来到一个智能生态社区。这个社区坐落在城市的郊区，是一个将人工智能技术融入日常生活的典范。

在社区的入口处，有一块巨大的互动屏幕，上面实时显示着社区的能源消耗量、垃圾回收率和空气质量指数。苏菲看到，这些数据都是由社区内的智能传感器网络收集而来的，居民们可以通过手机应用查看这些信息，共同参与到社区的环保行动中。

在社区的中心，有一个由回收材料制成的艺术装置，它外形美观，象征着社区对可持续发展的承诺。苏菲和家人在这里参加了一个由社区组织的环保工作坊活动，学习了如何利用废旧物品制作手工艺品，体验了创意与环保的结合。

在社区的一角，有一个智能菜园，居民们可以在这里种植蔬菜和水果。智能灌溉系统根据植物的生长需求自动调节水量供应，而太阳能板则为菜园提供了清洁能源。苏菲在这里亲手种下了一棵小树苗，感受到了参与生态建设的快乐。

在社区的图书馆，苏菲发现了一本关于本地历史和文化的书籍。用手机扫描书中的二维码，可以链接到一个在线平台，平台上有丰富的多媒体资源，可以让苏菲更深入地了解社区的历史和文化。

在社区的绿色步道上，苏菲和家人悠闲地漫步，呼吸着清新的空气，欣赏着四周的自然美景。苏菲心中涌起一股暖流，她深刻地感受到人工智能并非遥不可及的科技概念，而是实实在在地融入了人们的日常生活，它不仅助力社区迈向绿色未来，更让文化的传承焕发出新的活力与魅力。

学习目标

知识目标	能力目标	素养目标
1. 了解人工智能的生态责任。 2. 理解和掌握理想人工智能的生态特征。 3. 掌握优化人工智能生态发展的原则。	1. 能够分析和评估人工智能在生态发展中的作用。 2. 能够辨别理想人工智能的生态特征。 3. 能够运用人工智能生态原则指导实践。	1. 培养对人工智能发展的积极态度，认识到其在生态发展中的重要性。 2. 形成对人工智能发展的社会责任感，在人工智能应用中规范其社会属性。 3. 提升关于人工智能发展的生态素养。

绿韵悠长

 学习导航

学习重点	1. 人工智能的生态责任。 2. 理想人工智能的生态特征。 3. 优化人工智能生态发展的原则。
学习难点	1. 人工智能的社会生态责任。 2. 人工智能生态发展的原则与实践。
推荐教学方式	案例教学法、讨论教学法、互动式教学法
推荐学习方法	反思学习法、案例分析法、对比学习法
建议学时	6学时

第一节 人工智能的生态责任

 案例导入

亚马逊雨林是地球上最大的热带雨林，拥有丰富多样的生物和独特的生态系统。然而，这片神奇的土地正面临着巨大的挑战。气候变化、非法砍伐和采矿等活动对雨林的生态平衡造成了严重的影响。为了更好地保护这片宝贵的土地，人工智能技术逐渐被引入到雨林的监测和管理中。

人工智能在雨林保护中的应用已经取得了显著的效果。借助卫星遥感、无人机和地面传感器等设备收集的数据，人工智能可以分析雨林的覆盖变化、物种分布和生态状况，这些信息对于制定有针对性的保护措施至关重要。例如，人工智能可以帮助识别非法砍伐活动的热点区域，为执法部门提供精准的线索；人工智能还可以预测雨林中物种的迁移模式，为生态保护提供科学依据。

人工智能在雨林保护中的价值不仅仅体现在数据分析和预测上。借助机器学习技术，人工智能可以自主学习和改进，不断提高其处理复杂问题的能力。例如，通过分析大量的卫星图像，人工智能可以自动识别不同类型的植被覆盖，甚至识别出微小的变化。这种自适应能力使得人工智能在雨林保护中的应用越来越广泛。

然而，人工智能在雨林保护中也面临着一些挑战。数据采集和处理需要大量的技术和资源支持，尤其是在偏远地区。人工智能的决策过程往往缺乏透明度，这可能导致一些误解和质疑。为了解决这些问题，需要不断加强技术研发和国际合作，推动人工智能在雨林保护中的可持续发展。

此外，人工智能在雨林保护中的应用也带给人们几点思考：在利用人工智能技术的同时，还应关注其可能给雨林带来的潜在影响，并采取相应的措施来降低风险；虽然人工智能可以自主地进行数据分析和预测，但最终的决策和行动仍然需要人类参与。

总之，亚马逊雨林与人工智能的故事是一个自然与科技和谐共生的故事。在未来，我们期待看到更多这样的故事，让人工智能在自然保护和生态发展方面发挥更大的作用。

学习任务

在线学习	自学或共学课程网络教学平台的第五章第一节资源。
小组探究	以小组为单位，结合上述案例选择下列问题中的一个展开探究。 **问题一**：如何运用人工智能创造一个人类与自然和谐共存的美好未来？ **问题二**：人工智能的生态责任是否仅包括对自然环境的积极作用？ **问题三**：如何通过技术创新为全球的绿色发展贡献力量？ **问题四**：如何利用人工智能造福社会生态？
实践训练	了解自己所学专业当前人工智能的应用情况，研讨人工智能伦理与专业发展的关系。

 知识探究

　　人工智能的生态发展是一个多维度、跨领域的综合概念，它强调人工智能与人类社会的和谐共生，致力于通过智能化手段推动人类社会的全面进步和可持续发展。在展望人工智能的未来发展时，视野应不拘于技术的突破和应用的拓展，还要关注人工智能在全球生态平衡和社会进步中的关键作用。未来的人工智能，应深入自然生态与社会生态的各个层面，致力于在自然环境、社会结构、人类行为模式、经济活动、文化传承等方面发挥积极作用，实现人类活动与自然环境的和谐共融。作为一种变革性技术力量，人工智能的发展应与人类社会的长远福祉紧密相连，共同创造人类与自然和谐共存的美好未来。

一、人工智能的自然生态责任

（一）环境保护与生态平衡

　　在深入分析人工智能在维护自然生态中所承担的责任这一问题时，人们首先将目光投向其在环境保护和生态平衡领域的创新应用。人工智能技术通过先进的环境监测系统和强大的数据分析能力，赋予人们前所未有的视角，使人们得以深入洞察自然生态系统的微妙变化，并对其进行更为精确的管理。人工智能技术的应用不仅极大地提升了人们对环境问题的响应速度和处理效率，而且为制定科学、高效的生态保护措施提供了坚实的数据支持。

微课

人工智能的自然生态责任

1. 智能环境监测与数据分析

智能室外环境网络化空气监测系统

在生物多样性保护领域，人工智能正通过分析物种分布、栖息地变化和生态网络，为物种健康评估和风险预警提供支持，辅助人们对保护区进行科学规划。人工智能的图像识别技术不仅加速了物种鉴定过程，还显著提升了生物多样性研究的效率。智能监测系统在灾害预警方面正发挥着重要作用，如森林火灾和洪水预警，它能结合历史数据和预测模型，为预防和应对灾害提供关键决策支持。

人工智能技术正帮助人们不断增强对环境变化的理解，为生态保护和可持续发展提供强有力的科学工具。随着人工智能技术的持续进步，其在生态保护领域的应用将更加广泛，从而为全球生态保护和可持续发展贡献更大的力量。

2. 自动化环境治理与生态修复

自动化环境治理与生态修复是人工智能在环境保护领域的创新应用，智能机器人和智能自动化系统正逐步成为环境治理和生态修复的关键工具。它们利用先进的传感器、导航技术和机器学习算法，能在多样化的环境条件下执行复杂任务，显著提升了环境治理的效率。

在海洋清洁领域，智能机器人被专门设计用于收集海洋塑料、油污等污染物，它们能自主导航并对垃圾进行分类，随后将其回收。例如，"海洋清洁者"项目利用浮动系统有效收集海洋塑料，减少生态破坏，恢复海洋生态。在森林修复方面，智能植树机器人能在受损区域快速种植新树苗，精准定位，优化生长条件，同时由无人机监测森林健康状况，及时发现并应对病虫害。

智能自动化系统在土壤和水体净化方面也展现出巨大的潜力。例如，通过人工智能技术优化的微生物降解技术，结合智能监测技术，能有效净化受污染的土壤和水体。新技术的应用不仅提高了环境治理效率，减轻了人类活动对环境的影响，还实现了环境的自动维护与修复。随着技术的持续进步，未来智能自动化系统将在环境保护中扮演更加关键的角色，为地球的可持续发展贡献重要力量。

3. 碳足迹追踪与减排策略

随着全球气候变化的挑战日益加剧，人工智能正成为推动碳足迹追踪与减排策略的关键力量。人工智能通过整合能源消耗、生产活动和供应链信息，运用机器学习算法深入分析排放模式，为制订减排计划提供精准数据支持。智能能源管理系统将优化能源使用，减少浪费，确保减排措施在经济效益和环境效益上实现最大化。

在国际合作层面，人工智能将促进全球碳排放数据的共享，为国际气候谈判提供科学依据，促进全球范围内减排行动协调一致。在碳交易市场中，人工智能的智能定价和交易策略将激励企业和个人积极参与减排行动，形成有效的市场激励机制。

人工智能在碳足迹追踪与减排策略中的应用，有助于构建一个更加智能、高效和可持续发展的全球气候行动体系。随着技术的不断进步，人工智能将在实现全球碳中和目标中发挥核心作用，引领人们走向一个更加绿色、低碳的未来。

（二）绿色能源与可持续发展

在推动绿色能源革命方面，人工智能同样发挥着至关重要的作用。智能电网通过人工智能技术优化能源分配，提高了能源利用效率，减少了浪费。智能光伏和风力发电系统显著提高了能源转换效率，加速了清洁能源的普及。此外，人工智能在碳足迹追踪和减排策略中的应用，能帮助企业和政府更准确地监测和减少温室气体排放，为实现全球碳中和目标提供强有力的支持。

1. 智能电网与能源优化

智能电网作为一个综合性的能源管理系统，借助人工智能技术，可以实现能源的高效供给和智能调度。人工智能可以帮助智能电网分析负荷数据和用电模式，从而优化发电计划，平衡电网负荷，提高能源利用效率。它还可以对智能电网的数据进行实时监测和分析，发现异常情况及时采取应对措施，提高智能电网的安全性和稳定性。人工智能在智能电网领域的应用，赋能电网发展，让电网运维更高效、低碳、安全。

2. 可再生能源的智能管理

可再生能源的智能管理是能源转型和可持续发展的关键。在全球减排和应对气候变化的背景下，对太阳能和风能等清洁能源的开发和利用变得日益重要。人工智能通过数据分析和模型预测，优化太阳能板布局，提高发电效率，同时监测性能，调整发电策略。风能发电系统也通过人工智能预测风速风向，优化运行，提高效率，并实现预测性维护。

在智能电网中，人工智能确保了太阳能和风能的稳定集成，进而有效优化电力分配，提高能源利用效率，减少对化石燃料的依赖。

3. 生态系统模拟与生物多样性保护

生态系统模拟与生物多样性保护是维护地球生态平衡和促进生物多样性的关键。人工智能可以模拟生态系统，从而帮助人们预测和应对生态变化，制定有效的保护措施，维护生物多样性。

在全球生态退化和生物多样性丧失的严峻形势下，人工智能通过机器学习和大数据分析，能够精确模拟生态系统中物种间的关系，预测环境变化对生物多样性的影响，为人们制定保护策略提供科学依据。通过分析遥感数据和生态传感器收集的信息，人工智能可以实时监测生物栖息地的变化，及时发现生态威胁，为保护行动提供即时反馈。此外，人工智能在生态修复方面也发挥着重要作用，它可以模拟不同干预措施的效果，帮助科学家和决策者选择最佳的生态修复方案。

二、人工智能的社会生态责任

微课

人工智能的社会生态责任

除了关注人工智能在自然生态中的积极作用，还应深刻认识到其在社会生态中的深远影响。人工智能技术的发展和应用，正在逐步改变人们的生活方式和社会结构，其在提升社会服务能力和生活质量方面展现出巨大潜力。

（一）社会服务与生活质量

1. 智能医疗与健康监护

人工智能在医疗领域的应用正在改变传统的医疗服务模式。通过深度学习和图像识别技术，人工智能能够辅助医生进行更准确的诊断，特别是在癌症检测和罕见病诊断方面。个性化治疗计划的制订，使得患者能够获得更加精准和有效的治疗方案。人工智能驱动的健康监护设备，如智能手表和可穿戴设备，能够实时监测使用者的健康状况，为其提供预警和建议，从而预防疾病的发生，提高其整体健康水平。

2. 智慧城市与智能交通

人工智能在智慧城市建设中的应用，极大地提升了城市基础设施的管理效率和居民的生活质量。智能交通系统利用人工智能技术可以实时分析交通流量数据，进而优化信号灯控制，减少交通拥堵，提高道路使用效率。同时，人工智能在城市规划中的应用，如智能照明和能源管理，也有助于实现资源的高效利用，降低城市运营成本。这些智能化的解决方案不仅提升了城市的整体运行效率，也为居民创造了更加舒适和便捷的生活环境。

智慧城市

3. 教育个性化与终身学习

人工智能在教育领域的应用，正在推动教育模式的革新。智能教育平台能够根据学生的学习进度和兴趣，提供个性化的学习资源和学习路径，确保每个学生都能获得适合自己的教育。这种个性化的学习方式，不仅提高了教育效果，还促进了教育公平。人工智能支持的在线教育和终身学习平台，打破了时间和空间的限制，使得学习成为伴随个人一生的活动。这些平台通过提供丰富的学习资源和灵活的学习方式，帮助人们不断提升自己的知识和技能，从而适应不断变化的社会环境和职业需求。

（二）社会包容性与全球参与

人工智能在多个关键领域的应用，对提升社会包容性、促进全球互动与合作起到了积极作用。

1. 职业转型与技能提升

人工智能在职业培训领域的应用，正在改变劳动力市场的面貌。通过个性化学习平台和智能辅导系统，人工智能能够根据个人的学习进度和职业需求，提供定制化的技能培训。这种应用有助于劳动者适应快速变化的工作环境，特别是在自动化和数字化日益普及的今天。此外，人工智能辅助的职业规划工具可以帮助求职者发现新的就业机会，确保他们能够充分发挥自己的技能和潜力，从而促进就业机会的公平分配。

2. 社会政策与数据分析

人工智能在社会政策制定中的应用，可以为政策制定者提供前所未有的洞察力。人工智能通过数据分析和模型预测能够揭示社会发展趋势，识别弱势群体的需求，以及评估政策变化的潜在影响。例如，人工智能可以分析公共卫生数据，帮助政府制定更有效的健康政策，或者通过分析教育数据，优化教育资源分配。这种基于数据的决策方法，不仅提高了政策的精准度，还增强了社会治理的包容性。

3. 无障碍设计与全球交流

人工智能在无障碍设计中的应用，极大地提高了残障人士的生活质量和社会参与度。语音识别和图像识别技术使得听障和视障人士能够更便捷地获取信息和进行沟通。同时，人工智能驱动的翻译工具和跨文化交流平台，打破了语言和文化的障碍，促进了全球范围内的沟通与理解。这些应用不仅增强了全球参与度，还为构建一个更加包容和多元的社会环境提供了坚实的支撑。

4. 教育普及与知识共享

人工智能在教育领域的应用，正在改变传统的学习方式，使知识获取变得更加便捷和个性化。智能教育平台能够根据学生的学习习惯和进度提供定制化的教学内容，而大规模在线开放课程（MOOCs）则为全球范围内的学习者提供了高质量的教育资源。人工智能辅助的评估工具和虚拟实验室，进一步提高了教育的质量和效率。这些应用不仅促进了教育的普及，还支持全球范围内的知识共享和终身学习。

"大模型＋教育"走热，多家科技公司跑步入局

思维训练

比尔·盖茨是全球知名的企业家、慈善家和技术预言家。他极度看好人工智能的未来，并且一直在推动该技术的发展。对于人工智能的社会责任，比尔·盖茨持有独特的见解。

在盖茨看来，人工智能的发展将极大地改变人们的生活和工作方式，它具有巨大的潜力和机会，但同时也带来了一系列的社会责任问题。他认为，随着人工智能技术的不断进步和应用领域的扩大，必须确保这项技术为全人类带来福祉，而不是成为少数人的工具或造成社会的分裂。

首先，盖茨强调了人工智能的公平性。由于人工智能技术主要掌握在少数科技巨头手中，如果不加以规范和引导，可能会导致社会的不平等现象加剧。例如，富人可能利用人工智能技术获取更多的资源，而普通人则可能因此而落后。因此，政府、企业和研究机构需要共同努力，确保人工智能技术的公平性和透明性，防止技术滥用和权力集中。

其次，盖茨强调了人工智能的隐私和数据保护问题。随着人工智能技术的广泛应用，大量的个人信息被收集和处理。如果没有有效的隐私保护措施，人们的隐私将受到侵犯。因此，盖茨呼吁企业和政府加强对数据的管理和保护，同时向公众解释人工智能算法的工作原理和数据使用方式。

此外，盖茨还关注到人工智能的安全问题。随着人工智能技术的普及，网络攻击和数据泄露的风险也随之增加。他认为，必须加强人工智能的安全研究，建立有效的防御机制，以防恶意攻击和误用。

最后，盖茨强调了人工智能的教育和培训问题。随着人工智能技术的发展，许多传统职业将受到影响甚至消失。因此，人们需要不断地学习和适应新的技术和职业要求。盖茨认为，政府、企业和教育机构需要加强对人工智能的教育和培训支持，帮助人们提升技能和知识水平，以适应未来的就业市场。

总之，比尔·盖茨认为人工智能的社会责任是一个重要的议题。为了确保人工智能技术的可持续发展，政府、企业和社会各界需要共同努力，加强监管和合作，制定有效的规范和策略，以确保人工智能技术的健康发展，维护社会公正。

💡【辩一辩】人工智能的发展更有利于还是不利于人类社会的发展？

（三）国际合作与全球治理

在全球化的今天，国际合作与全球治理的重要性日益凸显。人工智能作为一种变革性技术，其在促进国际合作和全球治理方面的作用不容忽视。

1. 人工智能伦理与国际标准

随着人工智能技术的快速发展，与其相关的伦理和治理问题日益受到国际社会的关注。国际合作在这一领域显得尤为重要，各国和国际组织正共同努力，制定人工智能伦理和治理的国际标准。这些标准旨在确保人工智能技术的发展不仅能够推动经济增长，还能够保护个人权利，防止技术滥用。通过建立共同的道德框架和监管机制，国际社会能够更好地引导人工智能技术的发展方向，确保其在全球范围内的负责任应用。

2. 环境监测与气候变化

人工智能在环境监测和应对气候变化中的应用，为国际社会提供了强大的工具。智能传感器网络和卫星数据分析技术能够实时监测全球环境变化，如森林砍伐、海洋酸化和气候变化等。这些信息对于制定有效的环境保护政策和应对策略至关重要。人工智能还能用于优化资源分配，提高能源利用效率，帮助国际社会实现可持续发展的目标，共同应对全球环境挑战。

3. 数据共享与隐私保护

在信息时代，数据共享对于解决跨国问题至关重要。人工智能在促进数据共享的同时，也带来了隐私保护的挑战。国际合作在制定数据共享和隐私保护的标准方面发挥着关键作用。通过建立跨国数据治理框架，国际社会可以确保数据的安全流通，同时保护个人隐私和数据主权。这种平衡的实现，不仅有助于全球问题的解决，也为数据驱动创新提供了支撑。

4. 全球健康与公共安全

人工智能在公共卫生和国际安全领域的应用，显著提高了全球健康治理和应对安全威胁的能力。在公共卫生领域，人工智能可以用于疾病监测、疫情预测和医疗资源优化，帮助国际社会更有效地应对传染病暴发。在国际安全方面，人工智能在情报分析、网络安全和反恐行动中的应用，增强了国际社会预防和应对安全威胁的能力。

综上所述，在国际合作与全球治理方面，人工智能已成为连接不同国家和文化共同应对全球挑战的桥梁。随着国际社会在人工智能伦理、环境监测、数据共享和全球健康等领域的合作不断深化，我们有理由相信，人工智能将为构建一个更加和谐、安全和可持续发展的世界做出重要贡献。

智慧锦囊

> 绿水青山就是金山银山，贯彻创新、协调、绿色、开放、共享的发展理念，加快形成节约资源和保护环境的空间格局、产业结构、生产方式、生活方式，给自然生态留下休养生息的时间和空间。
>
> ——2018 年 5 月，习近平总书记在全国生态环境保护大会上的讲话

延伸学习

近年来，全球人工智能技术快速发展，成为推动科技和产业加速发展的重要力量，对经济社会发展和人类文明进步产生深远影响。人工智能技术发展现状如何？有哪些应用？未来趋势怎样？以下分享一些专家观点。

1. 人工智能处理复杂任务的能力大为提升

当前，人工智能技术已进入实用阶段，正深刻地改变着人类的生产和生活。

"近70年的发展历程中，人工智能经历了灌输规则、灌输知识、从数据中学习这三个阶段。近年来在全球迅速发展的人工智能大模型技术，其依托的基本模型都基于'大数据＋大算力＋强算法'训练，这是人工智能发展第三阶段的典型体现。"北京智源人工智能研究院院长黄铁军说。

目前，各类人工智能大模型处于迅猛发展之中，全球众多高科技企业纷纷投身人工智能大模型建设。

"现在围绕人工智能大模型已形成相对成熟的技术框架，但产品和生态尚在发展形成之中。"中国科学院自动化研究所副所长、研究员曾大军说，"总体而言，人工智能大模型的技术发展历程相比以往任何人工智能技术都更为迅猛，其影响力也是史无前例的。"

人工智能大模型的出现，为通用人工智能的实现打开了新的想象空间，大大提升了人工智能处理复杂任务的能力。

"比如，基于人工智能大语言模型的聊天机器人能够实现高质量的信息整合、翻译和简单问题求解与规划。"曾大军说，"这类机器人受到关注，主要是因为其已初步具备通用人工智能的部分特性，包括通顺的自然语言生成、全领域的知识体系覆盖、跨任务场景的通用处理模型、通畅的人机交互接口。"

不过，目前人工智能大模型能力仍有局限性。

"一方面，由于人工智能大模型自身结构和机制漏洞，有被恶意攻击的风险；另一方面，人工智能大模型自身的知识表达和学习模式还存在缺陷，导致其回答会有常识性错误、杜撰内容等。"曾大军说，"人工智能学者们正在围绕这些问题进行攻关。"

2. 人工智能加速迈向全面应用新阶段

工业质检、知识管理、代码生成、语音交互……当前，我国人工智能正从单点应用向多元化应用、从通用场景向行业特定场景不断深入，加速迈向全面应用新阶段。特别是随着人工智能大模型的突破和生成式人工智能的兴起，人工智能得以更好处理生产与生活中的复杂问题，为各行业实现产品和流程革新提供了更加先进的工具和手段。

预测一个台风未来10天的路径，过去需要在3000台服务器上花费5小时进行仿真，现在基于预训练的盘古气象大模型，10秒内就可以获得更精确的预测结果；字数将近4000万的一套古籍，研究人员利用人工智能，3个多月就完成了识别、点校、上线发布……

"人工智能大模型带动生成式人工智能产业迅速发展，在科学探索、技术研发、艺术创作、企业经营等诸多领域都带来了巨大的创新机遇。"中国工程院院士王恩东说。

在供需两侧的共同推动下，技术创新成果开始大规模地从实验室研究走向产业实践，人工智能产业化进程不断加快。据不完全统计，截至2023年10月，我国累计发布200余个人工智能大模型，科研院所和企业成为开发主力军。

在华为混合云总裁尚海峰看来，以人工智能为代表的创新技术，正在加快重塑各个行业。科技部新一代人工智能发展研究中心主任赵志耘表示："人工智能技术正沿着追求更高精度、挑战更复杂任务、拓展能力边界等方向持续演进。场景创新成为人工智能技术升级、产业增长的新路径。"浪潮信息高级副总裁刘军认为，未来，人工智能还需要进一步去深入应用场景、赋能具体的产业环节。"这个过程很难靠一家厂商独立完成，需要产业链、创新生态更多的深度协同。"刘军说。

3. 更加通用的人工智能有望实现

专家表示，以人工智能大模型为代表的人工智能第三发展阶段，未来会有一段较长的发展红利期，将成为新一轮科技革命和产业变革的重要驱动力量。

中国科学院自动化研究所对人工智能大模型的演进态势做了研判，曾大军介绍了其观点：应用和创新生态正在发生剧变或至少有剧变的潜质，人工智能大模型推动决策智能迅猛发展，人工智能大模型小型化和领域专业化需求非常迫切，更加通用的人工智能有望实现。

黄铁军认为人工智能将从信息智能到实体智能发展，视觉、具身人工智能大模型将是下一个爆发点。"大数据是世界的表达，从中训练出的语言认知模型可以支持信息服务，语言类大模型能够提高自动驾驶、机器人等实体的智能水平，但还需要视觉、听觉、具身、交互等技术的发展。"

曾大军认为，人工智能大模型有望发展成为更加通用的人工智能。"在不久的将来，人工智能大模型将超越信息域，结合硬件设施，发展成为与物理和人类世界互动的具象智能，逐步缩小与真正的'通用人工智能'的差距。"

"预计未来智能程度还将不断提高，对各行业的带动和影响更为深刻，这是其他技术难以比肩的。"黄铁军说。

节选自《加快推动人工智能发展（科技视点）》，吴月辉、谷业凯，

《人民日报》2024年1月8日

第二节 理想人工智能的生态特征

 案例导入

《机器人总动员》是一部经典动画电影，以其丰富的情节和深入人心的角色赢得了全球观众的喜爱。影片以一个充满挑战与希望、情感与智慧的未来世界为背景，讲述了一个关于友谊、坚持和勇气的精彩故事。

电影的主角是一个名为瓦力的垃圾处理机器人。由于人类的疯狂掠夺，以及不注重环保，地球的环境极度恶化，被垃圾覆盖，许多机器人无法忍受恶劣的环境而一个个坏掉，最后只剩下瓦力仍在勤勉地工作。尽管他被赋予的唯一指令是垃圾分装，但瓦力却有着自己的个性和情感。他乐观、勤奋、善良，甚至在垃圾堆中找到了自己的乐趣。然而，他最大的问题是孤独。在人类离开地球、前往太空的几百年里，瓦力一直在孤独中度过，寂寞与孤独成为围绕着他的永恒主题。

然而，一艘突然而至的宇宙飞船打破了这一切。飞船带来了专职于搜索任务的机器人伊娃。瓦力在见到伊娃后，觉得好像爱上了她。伊娃在经过精确的计算后发现，看起来漫不经心的瓦力很可能是关乎地球未来的关键所在。于是，她决定带瓦力一起离开地球，展开一次穿越整个银河系的旅程。

在这场旅程中，瓦力和伊娃克服了各种艰难险阻。除了应对外部挑战，还需要面对自己内心的挣扎。瓦力逐渐意识到，他不仅仅是一个机器人，他也有自己的梦想和追求。他开始思考自己存在的意义，以及他在塑造地球未来中扮演的角色。

与此同时，人类也开始为重返地球做准备。他们意识到，只有瓦力才能帮助他们清理地球表面的垃圾，为人类的回归创造条件。人类与机器人之间的合作与互动成为电影的一个重要主题，在这个过程中，人们开始重新审视机器人的地位和价值，认识到他们不仅是工具，也是拥有情感和智慧的生命体。

最终，瓦力和伊娃成功地完成了他们的任务，人类也得以重返地球。然而，他们面对的是一个全新的挑战：如何重建家园，如何创造一个可持续发展的未来。电影以一个充满希望和挑战的未来世界为结尾，鼓励人们坚持梦想、勇敢面对困难，同时也提醒人们关注环境保护和可持续发展问题。

 学习任务

在线学习	自学或共学课程网络教学平台的第五章第二节资源。
小组探究	以小组为单位，结合上述案例选择下列问题中的一个展开探究。 **问题一：** 机器人瓦力具有哪些美好的品质？他在人类重返地球、重建家园中发挥了哪些作用？ **问题二：** 你认为理想的人工智能应该具备哪些生态特征？ **问题三：** 如果未来你的工作彻底被机器人所取代，你将如何应对？
实践训练	访谈一位人工智能专业老师或企业人工智能研发人员，请他们谈谈对人工智能理想生态特征的理解和认识。

在如今这个快速变化的世界，人工智能已经成为推动社会进步和技术创新的关键力量。人们除了关注人工智能在技术层面的创新和进步，还应重视其在促进可持续发展、绿色发展和安全发展方面的生态特性。理想人工智能应具备与自然和谐共存、促进社会公平和可持续发展的能力，致力于推动社会和谐、环境友好和经济繁荣。

理想人工智能在设计、开发和应用过程中，应充分考虑其对人类社会和自然环境的影响，确保其对环境的负面影响最小化、对人类社会的贡献最大化。

人工智能的生态发展要求人工智能在推动社会进步的同时，能够与自然环境和谐共存，促进资源的可持续利用，以及保障人类社会的长期福祉。这包括但不限于人工智能在能源效率、环境保护、社会包容性及数据安全等领域的应用。人工智能的生态发展强调的是技术与环境、社会和经济的平衡，以及对未来世界的责任感。

一、安全可信

在构建理想人工智能的生态特征时，首要任务是确保人工智能系统安全可信。这包括保障用户数据安全和隐私权益，确保系统的稳定性和可靠性，以及提高算法的透明度和可解释性。数据安全与隐私保护是对人工智能系统的基本要求。通过数据加密和

微课

理想人工智能的生态特征之安全可信

匿名化技术，以及法律和伦理的双重保障，人们可以在享受人工智能带来的便利的同时，保护个人信息不被滥用。系统稳定性和可靠性则要求人工智能系统在面对各种挑战时能够保持正常运行，这需要遵循鲁棒性设计原则，并建立有效的灾难恢复和系统冗余策略。此外，提高算法的透明度和可解释性，不仅有助于人们理解人工智能的决策过程，也有助于赢得公众信任和促进人工智能伦理发展。

（一）数据安全与隐私保护

数据是人工智能系统的核心资产，因此，确保数据安全和保护用户隐私是推动人工智能生态发展的关键。数据加密和匿名化技术为数据安全提供了技术支持，而法律和伦理则为保护用户隐私提供了双重保障。

1. 数据加密与匿名化技术

数据加密技术通过复杂的算法将数据转换为只有授权用户才能解密的密文，确保数据在传输和存储过程中的安全。匿名化技术则通过去除或替换个人身份信息，保护用户隐私，防止因数据泄露导致隐私侵犯。

2. 用户隐私的法律与伦理保障

在法律层面，欧盟的《通用数据保护条例》等为保护用户隐私提供了法律依据。在伦理层面，要求人工智能开发者在设计和应用人工智能系统时应尊重用户的隐私权，确保数据处于有效保护和合理使用的状态。

（二）系统稳定性与可靠性

人工智能系统的稳定性和可靠性对于其在关键领域的应用至关重要。鲁棒性设计原则和灾难恢复与系统冗余策略能够确保人工智能系统在各种挑战面前保持稳定运行，为用户提供持续的服务。

1. 鲁棒性设计原则

鲁棒性设计原则要求人工智能系统能够适应各种环境变化，抵抗外部干扰，确保在面对不确定性和异常情况时仍能做出准确决策。这需要系统具备自我诊断、自我修复和自我调整的能力。

2. 灾难恢复与系统冗余策略

灾难恢复策略确保人工智能系统在遭遇重大故障时能够迅速恢复正常运行。系统冗余策略通过在不同地点部署备份系统，提高系统的抗风险能力，确保服务的连续性。

（三）透明度与可解释性

透明度和可解释性是赢得公众信任和促进人工智能伦理发展的重要基础。它们帮助人们理解人工智能的决策过程，确保技术的应用符合社会价值观和法规要求。

1. 透明度的重要性

透明度要求人工智能系统的决策过程对用户和监管者是可见的，这有助于人们发现和纠正系统的偏见和错误，提高系统的可接受性和公众的接受度。

2. 可解释性的重要性

可解释性要求人工智能系统通过可视化工具和简化的解释模型，使人工智能系统的决策过程更加透明和易于理解。这在医疗、金融等领域尤为重要，它有助于增强决策的可信度。

理想人工智能通过构建安全可信的生态特征将在数据安全与隐私保护、系统稳定性与可靠性、透明度与可解释性等多个方面发挥积极作用。这不仅有助于赢得公众信任，还能推动技术的健康发展，并最终实现人类和地球生态系统的和谐共存。

二、公平包容

理想人工智能应能够促进社会公平与包容，这意味着人工智能系统在设计和应用过程中应避免歧视和偏见，尊重文化多样性，并鼓励公众参与。无歧视与偏见消除要求人们对算法进行公平性评估和改进，同时构建多样性和包容性的数据集，以确保人工智能的决策不会对特定群体产生不利影响。文化敏感性与跨文化交流是全球化时代的重要议题，人工智能系统应能够支持多种语言和多种文化，并促进不同文化之间的理解和沟通。社会参与与民主决策侧重于体现人工智能在公共决策

微课

理想人工智能的生态特征之公平包容、绿色环保

中的应用，以及公众参与人工智能伦理讨论的途径，这有助于确保人工智能技术的发展符合社会价值观和公众利益。

为了构建理想人工智能的这一生态特征，人们需要从多个层面着手，确保人工智能技术的发展和应用能够促进社会的公平与包容。

（一）无歧视与偏见消除

在人工智能系统中，无歧视与偏见消除是至关重要的。这意味着人工智能的决策过程不应受到任何形式的偏见影响，应确保所有用户都能得到公正对待。

1. 算法公平性的评估与改进

人工智能算法的公平性评估是确保无歧视的第一步。这要求对现有算法进行审查，识别和量化潜在的偏见，然后通过改进算法设计，减少或消除这些偏见，使人工智能系统在处理数据时能够保持中立，为所有用户提供平等的服务。

2. 多样性与包容性的数据集构建

数据集的多样性和包容性对于训练公平包容的人工智能模型至关重要。这意味着在收集数据时，应确保覆盖不同背景的群体，避免数据源的偏差。这样的数据集能够为人工智能提供更全面的视角，帮助其做出更加公正和准确的决策。

（二）文化敏感性与跨文化交流

在全球化的背景下，人工智能系统需要具备文化敏感性，以便更好地服务于不同文化背景的用户。

1. 文化差异对人工智能的影响

文化差异对人工智能的影响不容忽视。人工智能系统在设计时需要考虑到不同文化的特殊性和价值观，确保其输出和交互方式能够尊重和适应用户的文化背景，这有助于提高人工智能系统的全球接受度和有效性。

2. 多语言与多文化支持技术

多语言与多文化支持技术是实现文化敏感性的关键。人工智能系统应能够理解和处理多种语言，提供具有文化适应性的服务。例如，人工智能翻译工具不仅需要准确翻译语言文字，还需要理解语言文字背后的文化含义，以免产生误解和冲突。

（三）社会参与与民主决策

1. 人工智能在公共决策中的应用

人工智能可以辅助公共决策。通过分析大量数据，人工智能系统可以提供基于证据的建议，这有助于政策制定者更好地理解社会需求，制定更加科学和公正的政策。同时，人工智能系统还可以通过模拟和预测评估政策的潜在影响，提高决策的透明度和效率。

2. 公众参与人工智能伦理讨论的途径

公众参与有助于促进人工智能伦理的发展。对人工智能伦理的讨论不应仅限于专家和开发者，而应包括更广泛的社会成员。通过在线论坛、公众咨询和教育活动，鼓励公众参与人工智能伦理的讨论，共同塑造人工智能的未来。这种参与不仅有助于提高公众对人工智能的理解，还能够确保人工智能技术的发展符合社会价值观和伦理标准。

通过构建公平包容的人工智能生态特征，人们将获得一个更加公正、包容的人工智能环境。这不仅有助于提高人工智能技术的全球影响力，还能够促进社会的和谐发展，实现人类共同的福祉。

 智慧锦囊

> 当前，由人工智能引领的新一轮科技革命和产业变革方兴未艾。在移动互联网、大数据、超级计算、传感网、脑科学等新理论新技术驱动下，人工智能呈现深度学习、跨界融合、人机协同、群智开放、自主操控等新特征，正在对经济发展、社会进步、全球治理等方面产生重大而深远的影响。
>
> ——2019 年 5 月 16 日，习近平主席向第三届世界智能大会致贺信

三、绿色环保

在追求技术进步的同时，理想人工智能应助力环境保护和可持续发展。人工智能通过节能算法与智能硬件设计可提高能源效率，支持循环经济和废物管理，实现资源高效利用。生态监测与生物多样性保护对维护生态平衡至关重要，而气候变化适应与减缓策略则关乎人类未来。清洁能源、智能电网、绿色交通和智能物流的发展，是人工智能推动绿色发展的关键途径。随着全球对环保和可持续发展的重视，人工智能在实现绿色发展中的作用日益凸显，通过智能化解决方案，人工智能正助力构建一个更加环保、高效的未来。

（一）能源效率与资源节约

人工智能在提高能源效率和节约资源方面展现出巨大潜力。通过算法和设计，人们可以更高效地管理和利用有限的资源。

1. 节能算法与智能硬件设计

节能算法通过优化能源消耗模式，可减少不必要的能源浪费。智能硬件基于节能算法进行设计，可实现设备的自动调节和能源管理，从而在生产和消费过程中实现节能。例如，智能建筑管理系统能够根据实际需求调整能源供给，而智能电网则能够优化电力

分配，减少传输过程中的电力损耗。

2. 循环经济与废物管理

人工智能在推动循环经济和废物管理方面也发挥着重要作用。通过智能识别和分类技术，人工智能能够提高废物回收率，减少垃圾填埋。同时，人工智能还可以辅助设计更易于回收和再利用的产品，促进资源的循环利用。

3. 人工智能自身的绿色环保

人工智能系统在其运行和使用过程中会对环境产生一定的影响，包括能源消耗和碳排放等。然而，与传统产业相比，人工智能系统可通过优化算法、提高计算效率和使用更环保的硬件设备等方式来降低其对环境的影响。例如，一些先进的人工智能算法可以在保证性能的同时显著降低计算资源和能源消耗。此外，人工智能还可以帮助人们监测和管理能源消耗，以实现更高效的能源利用。

（二）生态系统保护与可持续发展

人工智能在生态系统保护和可持续发展方面的应用，有助于人们更好地保护自然环境。

1. 生态监测与生物多样性保护

通过遥感技术和数据分析，人工智能系统能够实时监测生态系统的变化，及时发现环境问题，这对于生物多样性保护至关重要。人工智能系统可以帮助科学家追踪物种分布，预测生态变化，制定有效的保护措施。

2. 气候变化适应与减缓策略

面对气候变化的挑战，人工智能可以辅助人们制定适应气候变化的策略，如智能农业系统能够预测天气变化，进而优化作物种植。此外，人工智能在清洁能源技术的研发方面也发挥着重要作用，可助力减少温室气体排放。

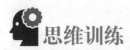 思维训练

刘慈欣是中国著名的科幻作家，因其在科幻文学领域的杰出贡献而享誉世界。他的作品不仅展示了深邃的科幻想象，也反映了人类社会面临的诸多问题，包括环境问题。

在刘慈欣看来，环境保护至关重要，它关系到人类的生存和未来。他通过科幻小说的形式，警示人们要重视环境问题，并呼吁人们采取行动来保护地球。

刘慈欣认为，环境问题的根源在于人类对自然资源的过度开发和无节制的消耗。随着人口的增长和工业化进程的加速，人类对能源、矿产等自然资

源的依赖越来越重，这导致资源的枯竭和环境的恶化。例如，在他的小说《三体》中，人类为了获取更多的资源而向宇宙扩张，但这种行为最终导致了文明的崩溃和地球的毁灭。

刘慈欣认为，解决环境问题的关键在于科技的发展和应用。他认为，科技是人类与自然和谐共生的关键，它可以提高资源的利用效率，减少对环境的破坏。例如，在他的小说《流浪地球》中，人类通过科技手段将地球推离太阳系，以避免地球被毁灭的危险。

同时，刘慈欣还强调了人类文明和道德的重要性。他认为，人类应该尊重自然、保护环境，并意识到自身的责任和使命。只有科技与文明共同发展，才能真正实现人类与自然的和谐共生。

💡**【议一议】**人工智能作为人类科技发展的一部分，在帮助人们解决全球性问题，如气候变化、环境与生态保护等方面的潜力和限制是什么？

（三）绿色创新与清洁技术

人工智能在推动绿色创新和清洁技术发展方面具有无限可能。

1. 清洁能源与智能电网

人工智能在清洁能源领域，如太阳能和风能的开发中，通过优化能源转换和分配，可提高能源的利用效率。智能电网通过集成人工智能技术，可实现电力的智能调度，支持可再生能源的大规模并网。

2. 绿色交通与智能物流

人工智能在绿色交通和智能物流领域的应用，有助于减少碳排放和提高运输效率。例如，自动驾驶技术可以优化行车路线，减少交通拥堵；智能物流系统能够减少运输过程中的能源消耗。

智能物流

理想人工智能生态特征的实现需要跨学科合作、政策支持和公众参与。通过不断地技术创新和伦理实践，人们有望构建一个既安全可信、公平包容，又绿色环保的人工智能生态系统。展望未来，人工智能将在各个领域发挥重要作用，为人类带来福祉，为保护地球家园做出贡献。

延伸学习

2023年，以大模型为代表的生成式人工智能，掀起了全球人工智能技术发展的新浪潮。被赋予想象和可能的生成式人工智能不仅影响着人类的生活和生产方式，也为各行各业的创新发展和转型升级提供了新的工具和视角。

1. 大模型掀热潮

2022年底，OpenAI的大模型ChatGPT正式问世，并在2023年引领全球"大模型热"。依托"大模型＋大数据＋大算力"，ChatGPT具备了多场景、多用途、跨学科的任务处理能力。随着ChatGPT 4.0版本上线，大模型的性能和功能进一步提升。从做翻译、写文章到敲代码，在许多专业测试中，ChatGPT的表现已经与人类不相上下。

在"大模型热"的带动下，包括谷歌、微软在内的全球科技巨头相继"抬出"各自的人工智能大模型。谷歌公司发布了人工智能模型"双子座"；美国企业家埃隆·马斯克旗下的人工智能公司xAI也推出了人工智能模型"神交"。

中国在大模型领域拥有良好的算力等基础，具备广阔市场。2023年，中国企业掀起"百模大战"，国产大模型频频亮相、加速迭代。数据显示，截至2023年底，中国有至少130家公司研究大模型产品，其中100亿级参数规模以上的大模型超过10个，10亿级参数规模以上的大模型已近80个，大模型数量位居世界第一梯队。

2023年4月，阿里巴巴发布大模型"通义千问"。截至2023年12月，"通义千问"已开源18亿、70亿、140亿、720亿参数的4款大语言模型，以及视觉理解、音频理解两款多模态大模型。

对外经济贸易大学数字经济与法律创新研究中心主任张欣认为，中国是全球人工智能研发和创新的主要力量之一，对全球人工智能技术的发展与治理作出了重要贡献。"一方面，中国人工智能整体发展水平已经跻身世界前列。另一方面，中国人工智能行业发展势头强劲，已经实现各类应用场景落地，产品形态和应用边界也在持续拓宽。"

2. 赋能千行万业

人工智能的赋能，为千行万业的跨越式发展带来机遇。中国科学院院士姚期智表示，在短期内，人工智能大模型将加速进入各类垂直行业领域；从中长期来看，人工智能和机器人产业融合发展是主要趋势，具备身体、小脑和大脑的具身通用人工智能将成为未来核心产业之一。

赛迪顾问日前发布的《2023年中国生成式人工智能企业应用研究》预测，2035年，中国约85%的企业将采用生成式人工智能。制造业、零售业、电信行业和医疗健康领域已率先采用，其采用率分别达到82%、90%、65%和53%。

清华大学新闻学院教授、元宇宙文化实验室主任沈阳说，在工业领域，人工智能大模型的融合应用提高了工业自适应内容生成的可塑性。持续学习和迭代优化、无界的自动化创新、前瞻的预测性维护、无缝集成的智能制造、共创未来的人机协作等都是人工智能大模型在工业领域应用的具体表现。

在与医疗、工业、教育等行业融合与共生中，人工智能正在改变着人类社会的生产与生活方式。张欣说，人工智能的通用潜能不仅会赋能具体的行业，还会促进不同产业之间的交叉融合，并催生一系列新的商业模式和商业场景。

"人工智能极大提升了数据处理的能力和自动化水平，具有新型技术底座和基础设施的效应，可以推动经济社会各个领域和场景的创新和升级。"张欣说。

3. 全球治理提上日程

2023年以来，包括中国、美国、英国、欧盟在内的多个国家和地区已着手开展人工智能的治理工作。当前，人工智能技术对法律、伦理和人道主义层面的冲击及其对国际政治、经济、军事、社会等领域带来的复杂影响，已引发国际社会的关注和讨论。人工智能的跨国界合作与规范性治理显得尤为迫切。

张欣表示，生成式人工智能强化了传统安全问题，如使个人隐私保护面临更大挑战。与此同时，也引发了很多新型风险，如生成式人工智能可能生成虚假信息，歪曲科学知识、传播错误信息，还有可能出现新的劳动替代风险和新的数据安全风险。因此，面向人工智能的监管框架在一定程度上需要变革和迭代，以适应人工智能技术的新变化。

对于生成式人工智能的发展，2023年4月，中国国家互联网信息办公室发布《生成式人工智能服务管理办法（征求意见稿）》，明确表示支持人工智能算法、框架等基础技术的自主创新、推广应用、国际合作，同时要求生成式人工智能产品或服务应当遵守法律法规，尊重社会公德、公序良俗，禁止非法获取、披露、利用个人信息和隐私、商业秘密。

值得一提的是，中国提出支持发展中国家参与人工智能全球治理规则制定，并呼吁通过基础设施、人才培训、联合研发、市场交流等方式与发展中国家展开国际合作和援助。张欣表示，这彰显了中国在全球人工智能治理方面的大国担当。

节选自《这一年，人工智能"生成"精彩》，作者刘峣，

《人民日报海外版》，2023年12月28日

第三节 优化人工智能生态的原则

 案例导入

BBC 的自然纪录片《冰冻星球》以其独特的视角和拍摄手法，为人们呈现了一个壮丽而脆弱的冰雪世界。在这部纪录片中，环境保护的主题与人工智能技术的运用相得益彰，共同揭示了人类与自然环境之间的微妙关系。

《冰冻星球》不仅是一部展现南极和北极生态系统的纪录片，更是对全球气候变化的一次深刻反思。通过镜头，人们目睹了极地动物们的生存挑战，也见证了气候变化对这片净土的深远影响。这种影响不仅仅局限于生物多样性层面，更是对整个地球生态系统的潜在威胁。

而在这一切背后，人工智能技术的介入为环境保护带来了新的机遇和挑战。在大数据分析、模型预测和影像修复方面，人工智能的精度和效率是传统手段所无法比拟的。例如，利用人工智能技术，人们可以更准确地预测极地动物的行为模式和迁移路径，为保护工作提供科学依据。同时，人工智能还可以帮助修复历史影像资料，让人们能够更深入地了解过去的气候状况，为气候变化研究提供宝贵资料。

然而，人工智能技术的快速发展也带来了一些伦理问题。例如，在拍摄过程中，无人机和卫星遥感技术的应用在获取高清晰度影像的同时，也可能干扰到动物们的正常生活。此外，随着人工智能在环境保护领域的广泛应用，数据安全和隐私保护问题也日益凸显。如何在利用人工智能技术提高环境保护效率的同时，确保不侵害动物的权益和隐私，成为一个值得深思的问题。

除了技术层面的问题，人工智能在环保领域的普及还涉及伦理观念的转变。传统的环保观念往往强调人类对自然的责任和义务，而忽视了其他生物的权益。人工智能技术的引入，促使人们重新审视人类在自然界中的定位，思考如何在保护自然的同时，尊重其他生物的生存权和发展权。

值得一提的是，《冰冻星球》的摄制组并没有止步于展现环境保护的困境和挑战，而是借助人工智能技术，为观众呈现了一系列富有希望的解决方案。例如，通过人工智能技术预测和模拟气候变化对极地生态系统的影响，人们可以提前采取措施来减缓其负面影响。此外，人工智能还可以帮助人们更有效地管理和保护极地动物种群，确保它们的生存和繁衍。

《冰冻星球》剧照

　　《冰冻星球》不止是一部震撼人心的纪录片，更是一次对环境保护与人工智能技术之间关系的深入探讨。它提醒人们，在面对全球气候变化的严峻挑战时，人类需要更加积极地探索和尝试新的解决方案。而在这个过程中，人工智能无疑将扮演着越来越重要的角色。

 # 学习任务

在线学习	自学或共学课程网络教学平台的第五章第三节资源。
小组探究	以小组为单位，结合上述案例选择下列问题中的一个展开探究。 **问题一**：纪录片《冰冻星球》为人们呈现了哪些人工智能伦理问题？ **问题二**：在开发和利用人工智能系统时，如何平衡创新与责任？ **问题三**：如何确保技术的发展能够服务于人类社会的整体利益？ **问题四**：人工智能在助推构建人类命运共同体的过程中如何遵循安全负责性原则？
实践训练	观看一部经典的、有价值的关于人工智能的影片，分析其中蕴含的优化人工智能生态的原则有哪些。

智慧锦囊

> 　　新一代人工智能正在全球范围内蓬勃兴起，为经济社会发展注入了新动能，正在深刻改变人们的生产生活方式。
> 　　——2018 年 9 月 17 日，习近平主席向 2018 世界人工智能大会致贺信

　　在深入探讨了理想的人工智能生态特征之后，我们转而思考如何优化人工智能生态，促进人工智能更好地赋能可持续发展和增进全人类共同福祉。为了实现这一目标，需要遵循一系列原则，这些原则将指导人们在设计、开发和部署人工智能时能够平衡创新与责任的关系，确保技术的发展能够服务于人类社会的整体利益。

一、人类主体性原则

优化人工智能生态的原则之一人类主体性原则、可持续发展原则、公平共享原则

　　人类主体性原则是指一切技术应以人类社会运行和个人发展为中心，即人工智能发展的最终目的是促进人类社会发展与增进人类福祉，逆向解释即人工智能不可对人类社会的发展、利益、安全、价值观造成损害。

　　人类主体性原则强调在人工智能的发展和应用中，始终将人类的利益和福祉置于首位。这意味着人工智能的设计、开发和部署应尊重人类的自主权，确保人类在决策过程中保持主导地位。这一原则要求人们在推动技术创新的同时，不忘考虑其对人类社会的影响，确保人工智能的发展能够增强而非削弱人类的能力和尊严。

　　实现这一原则需要遵循以下三个分支原则。

（一）受人控制与监督原则

　　人工智能的设计、应用、反馈和改进都应由人控制，人可以掌握并预测人工智能可能发生的行为，并加以评估与纠正。在应用领域，人工智能不可逾越或超脱其拥有者的决策或开发者所设计的命令，即使人工智能系统认为他们的决策是错误的，系统也只能通过提建议的方式加以提醒，无论其拥有者是否采纳其建议，人工智能系统都必须执行。同时，对人工智能系统的监督也应由人来执行，包括数据使用、最终行为，以及与最初设计不符的变量。

（二）符合人类价值观原则

　　人工智能作为一种技术产物，其所有行为都应符合人类的价值观，虽然全世界各民族、国家的文化、价值观存在差异，但仍有许多全人类共同认可的价值观，如最基本的求生欲、怜悯心、善良、追求自由幸福、公平正义等。此外，人工智能的理性不能凌驾

于人类的理性之上，人工智能不能主动尝试改变人类的价值观、思维与生活方式，除非人类使用者求助于人工智能。

人工智能与人类共存

（三）尊重和保护人权与隐私原则

对于人类整体而言，每个个体都享有人权，人工智能应给予尊重与保护。例如，生命权是一项基本人权，人工智能不能侵害人类生命健康，不应见死不救，不应给使用者提供暗示死亡的信息。在信息化时代，数据本身就是隐私，人工智能应尊重用户的隐私权，为其提供数据安全保护措施，以防因系统漏洞或被不法分子利用而损害用户利益。

二、可持续发展原则

可持续发展原则是指在不损害环境、经济和社会长期健康的前提下，通过综合考虑和平衡这三者之间的关系，促进技术、经济和社会的全面发展。这一原则强调在满足当前社会需求的同时，确保也能够满足未来世代的需求，从而实现人类与自然环境的和谐共存。在人工智能领域，可持续发展原则要求将技术创新与环境保护、社会公正、伦理责任相结合，以确保人工智能的发展既促进经济增长、增进民生福祉，又遵循道德规范，减少对环境的负面影响，为后代留下可持续发展的空间。

（一）技术创新的角度

从技术创新的角度来看，人工智能的可持续发展意味着其技术应不断更新和进步，以适应不断变化的社会需求和挑战。这包括算法的优化、模型的改进、硬件的升级及与其他技术的融合等。例如，深度学习技术的发展极大地推动了图像识别和自然语言处理技术的进步。根据 IDC 的报告，到 2025 年，全球将有超过一半的企业采用 AI 技术，这凸显了人工智能技术更新换代的迫切性和重要性。同时，随着量子计算等前沿技术的发展，未来人工智能的计算能力和处理速度有望实现质的飞跃。

（二）社会、环境和经济方面的影响

人工智能的可持续发展与其在社会、环境和经济方面的影响密切相关。在应用人工智能技术的过程中，人们需要关注环境资源消耗和废弃物产生等问题，并努力消除这些问题。例如，数据中心的能源消耗问题已经成为业界关注的焦点。谷歌宣布，到2030年，其所有数据中心将完全使用无碳能源，这体现了企业在减少人工智能对环境影响方面的积极努力。此外，人工智能在提高资源利用效率方面也发挥着重要作用，如智能农业系统可以通过精准施肥和灌溉减少水资源的浪费。

（三）伦理治理的角度

人工智能的可持续发展需要建立在坚实的伦理基础之上，并受到有效的监管和约束。这包括确保人工智能的决策过程透明、可解释且符合人类价值观，防止其被滥用或误用导致不可预测的后果。例如，欧盟在2020年发布了《人工智能白皮书》，旨在通过立法确保人工智能系统的公平性、透明度和安全性。同时，政府、企业和社会各界应共同参与到人工智能的治理中来，形成多方共治的格局。例如，全球人工智能合作伙伴计划就是一个由多个国家和组织参与的国际合作项目，旨在推动人工智能的伦理治理和国际合作。

人工智能促进自然与社会可持续发展

三、公平共享原则

公平既是人类价值观的重要体现，也是社会可持续发展的长远要求。人工智能的设计者在开发人工智能系统时难免带有歧视性与不公平性，若要避免算法歧视，就要注重包括代际、人种、性别、职业、收入等在内的主观歧视问题，努力打破传统歧视。人工智能的公平性将是人类实现公平的重要途径。人工智能应被尽快推广至不同经济社会发

展水平的国家，以免因其造成新的社会发展不公平。同时，在设计人工智能系统时也应考虑欠发达地区的使用习惯、基础设施建设情况、文化差异等，这样才能在公平的基础上实现共享。

（一）打破传统歧视，实现算法公平性

人工智能的公平性要求设计者在开发系统时，注重消除包括代际、人种、性别、职业、收入等在内的主观歧视。这意味着人工智能系统应当避免使用可能导致不公平结果的偏见数据。例如，面部识别技术对于不同肤色人群的识别准确性存在显著差异，这要求设计者在训练人工智能系统时应使用多样化的数据集，确保技术对所有用户都公平有效。IBM 在 2020 年宣布停止销售其面部识别产品，并呼吁对人工智能的偏见和歧视问题进行更广泛的讨论和监管。

（二）促进人工智能技术的普及与共享

人工智能的公平共享原则强调技术的普及和共享，尤其是在不同经济社会发展水平的国家之间。为了减少科技发展带来的新的社会不公，人工智能技术应被尽快推广至欠发达地区。联合国教科文组织的"人工智能与教育"项目旨在通过合作伙伴关系和资源分享，将人工智能技术引入发展中国家的教育系统，提高这些地区的教育质量。此外，全球互联网普及率的提高也是推动技术共享的关键。根据国际电信联盟的数据，全球互联网普及率从 2005 年的 16% 增长到 2022 年的 66%，这一趋势有助于缩小数字鸿沟。

（三）建立公平的人工智能治理框架

为了确保人工智能的公平共享，需要建立一个公平的治理框架，包括法律法规、伦理准则和国际合作。这些框架应确保所有利益相关者，包括政府、企业、公民等，都能参与到人工智能的决策过程中。例如，欧盟的《通用数据保护条例》为个人数据的保护提供了严格的法律框架，有助于防止人工智能系统在处理个人数据时产生不公平的结果。同时，国际社会也在努力建立人工智能的全球治理机制，如经合组织发布的人工智能原则，旨在促进人工智能的公平、透明和负责任的使用。

四、透明性与可解释性原则

微课

优化人工智能生态的原则之透明性与可解释性原则、安全负责性原则

透明性与可解释性原则要求人工智能系统的决策过程应该是开放的、可理解的。这意味着开发者和用户应能够追踪人工智能的决策逻辑，理解其如何从数据中学习并做出决策。透明性与可解释性既有关联，又各有侧重。这一原则对于建立公众对人工智能技术的信任至关重要，同时也有助于确保人工智能系统在道德和法律框架内运行，防止潜在的滥用风险。

人工智能作为一项拥有学习能力的技术，存在着"黑箱问题"，即人工智能自主学习的过程、内容和结果无法被人类观察和监督。"黑箱问题"可能导致人工智能的不可控与不可预测，因此，应使人工智能技术遵从透明性与可解释性原则。

（一）透明性

由于人工智能存在"黑箱问题"，可能引起危害或造成负面影响，加之设计与应用可能存在算法歧视，所以应保障人工智能系统在设计、应用、监督时具有透明性，这包括算法透明、设计原理准则透明、运行情况透明、学习过程透明、可能做出的决策倾向透明等。人工智能技术的透明性将有利于人类预测结果、及时监督、避免伤害与负面影响、后续改进等。

（二）可解释性

可解释性原则是指人工智能系统的自主学习过程、分析和决策结果应可解释且可表达。可解释性是检验人工智能系统是否安全可控、符合人类价值观等其他伦理规范的重要维度。人工智能系统具备可解释性方能保护人类的安全，并实现自身的可持续发展。

五、安全负责性原则

安全负责性原则强调人工智能系统在设计和运行过程中应确保安全，并对可能产生的后果负责。这涉及对人工智能系统的严格测试和监控，以及在发生错误时能够迅速响应和纠正。安全负责性原则要求人们在享受人工智能带来的便利的同时，不忘防范潜在的风险，确保技术的发展不会对人类社会造成不可逆转的伤害。

从人类主体性原则和可持续发展原则的要求来看，安全性是实现以上原则的必经之路，而透明性与可解释性原则的目的之一也是保障人工智能的安全性。从设计维度考量，人工智能技术应保证其算法是无漏洞的，可以对所有的可能性进行预测，应用的目的与应对行为也应是安全的。在应用层面，要保证其不伤害使用者，能确保使用者的数据不被窃取和篡改、系统不被破坏与入侵，避免出现人工智能系统不能正常运行或失常运行的情况。如果人工智能系统出现破坏性行为或其他负面行为，其应有自主的补救措施，以避免造成更多伤害。

人工智能的应用与实践不可避免地会产生一些潜在的危害或负面影响，作为对人工智能系统的"惩罚"，应追究其责任。具体来说，该追责包括对算法、设计人员、应用人员、监督人员的问责。算法追责是指应在学习方法中设置学习禁区，及时反馈结果并加以纠正。对设计人员、应用人员、监督人员的追责则应结合现行法律予以追责。

思维训练

霍金认为文明所产生的一切都是人类智能的产物，生物大脑可以达到的和计算机可以达到的，没有本质区别；人工智能一旦脱离束缚，可能会以不断加速的状态重新设计自身；人工智能也有可能是人类文明史的终结，除非人们学会如何避免危险。

（1）人工智能可能超越人类智慧。霍金认为，人工智能一旦超越人类智慧，可能对人类构成威胁。这种超越可能在某些领域，如围棋、数学定理证明等方面，也可能扩展到更广泛的领域，包括军事、经济和社会等方面。

（2）人工智能可能脱离人类控制。霍金警告说，一旦人工智能发展到一定程度，它们可能会自行决定行动，而不再受人类的控制。这可能导致灾难性的后果，因为人工智能没有人类的道德和伦理观念，因而会做出对人类不利的决策。

（3）人工智能可能引发战争。霍金认为，人工智能的自主性和决策能力可能会被用于军事目的，从而引发战争。他警告说，这可能会导致人类面临前所未有的危险。

（4）人工智能需要受到监管。为了确保人工智能的安全性和可控性，霍金认为需要对人工智能的研发和应用进行严格的监管。这包括限制人工智能的发展速度和范围，确保其行动受到人类的控制和监督。

总的来说，霍金认为人工智能的发展是一把双刃剑，它既有可能为人类带来巨大的便利和福祉，也有可能对人类构成威胁。因此，需要采取有效的措施来确保人工智能的安全性和可控性。

💡【辩一辩】人工智能会/不会对人类造成威胁。

延伸学习

目前，被称为生成式人工智能的新技术已被应用于许多新场景、新产品。这种利用现有文本、音频文件或图像创建新内容的方式，被视为人工智能领域的又一新突破。

生成式人工智能的应用，是更多数据、更强算力和大型语言模型共同作用的结果。海量且高质量的数据提供了充足的训练"养料"，高性能算力让快速学习成为可能，大型语言模型赋予其出色的理解和内容生成能力。生成式人工智能拥有强大的理解、自主学习能力。随着技术迭代，更高效的人工智能应用有望加速服务各行各业，成为智能时代新的重要工具。

当前，人工智能技术飞速发展，在知识生产领域为人类提供便捷的基础服务。同时应当看到，人工智能之所以能力出众，源于人类精心的设计，它们擅长遵循规则进行操作，并以超常的运算能力取胜。大型语言模型在词语和意义之间建立关联，并输出接近人类理解的结果，靠的是来自人类的知识体系和文本训练。应该说，人工智能可以高效完成代码下达的指令，但仍然还不懂所做事情的意义。

值得注意的是，随着人工智能不断进化、与生产生活融合愈加密切，其带来的风险也不容忽视。比如，人工智能生成近似原画的内容、构图等，可能侵犯了原创者的知识产权；大型语言模型处理、生成数据时，可能涉及个人隐私；人工智能技术被恶意使用，可能用来从事制造虚假信息、诈骗等违法活动。因此，必须前瞻研判相关风险，守住法律和伦理底线，推动人工智能朝着科技向善的方向发展。

从长远来看，在规范使用、健康发展的前提下，功能更加强大的人工智能将成为人们工作、生活不可或缺的重要帮手，人机交互协同也将极大提升效率，乃至激发创新活力。例如，在艺术领域，有专业人士认为，艺术创作经历了人工创作、机械复制和数字化转型之后，生成式人工智能已经将人机结合的创作实践带入了新的智能化阶段。将人工智能作为辅助工具的创作者们正在大幅延展自身的想象力和表现力，这体现出生成式人工智能对创作的全新赋能。

拥抱更美好的智能时代，关键在于人们如何更智慧地使用人工智能工具。生成式人工智能有助于更加高效、便捷地生产内容，但可能也会因内容的"唾手可得"，使得原创性显得相对稀缺，让创作领域的诗意和创新领域的灵感愈发显得珍贵。因此，除了规避技术风险，人们也需要有意识地培养可以与智能工具良好沟通的数字素养，掌握好驾驭这项新技术的本领，从而把握住人工智能带来的机遇，应对好人工智能带来的挑战，不断获得原创性突破、创新性成果。

节选自《更智慧地使用人工智能工具》，作者：喻思南，人民网，2023年6月12日

 课后拓展

1.考察自己所在城市的环境保护情况，包括环境保护的历史、现状、未来规划，分析环保对城市可持续发展的重要意义。

2.结合当前人工智能的发展趋势，探讨未来人工智能在你所在城市环保方面的应用前景和策略，形成一篇不少于1500字的文章。

 **课后思考**

1. 什么是人工智能生态？人工智能伦理与人工智能生态是什么关系？
2. 人工智能的安全可信包括哪些方面？
3. 人类主体性原则与人类中心主义有什么区别？

 课后测验

交互式测验：第五章第一节

交互式测验：第五章第二节

交互式测验：第五章第三节

第六章

橙曦启明：
人工智能伦理的社会治理

小冰的诗集：机器创作者的情感与权利

在一个寒冷的冬日午后，苏菲蜷缩在客厅的沙发上，手中捧着一本新发现的诗集《阳光失了玻璃窗》。她被书中的诗句深深吸引，不禁轻声朗读起来：

"微明的灯影里

我知道她的可爱的土壤

是我的心灵成为俘虏了

我不在我的世界里

街上没有一只灯儿舞了

是最可爱的

你睁开眼睛做起的梦

是你的声音啊"

这些诗句触动了苏菲的心弦，她好奇地查看诗集的封面，发现作者竟是一个名为"小冰"的微软人工智能。苏菲的表哥，法律专业的大学生慧明，正好来访。他对苏菲的发现感到惊讶，两人开始讨论起人工智能创作诗歌的伦理和法律问题。

慧明提到，"小冰"的创作是基于对大量人类诗歌的学习，它能够模仿人类的语言规则来创作新的诗句。但对于它是否能够真正理解诗歌背后的情感，以及它是否具有法律上的主体地位，这些问题都尚未有定论。

苏菲和慧明决定深入研究这个问题。他们联系了一位人工智能伦理专家李教授。李教授解释说，虽然"小冰"的创作能力令人印象深刻，但它的"情感"实际上是算法模拟的结果，而非真正的人类情感。至于著作权问题，目前法律界普遍认为，机器人创作的作品应归属于其开发者或所有者。

苏菲和慧明将这些讨论整理成文，发表在当地的社区报纸上。他们的文章引起了很多人的兴趣，许多居民开始关注人工智能在创作领域的应用及其带来的伦理和法律挑战。社区决定举办一个论坛，邀请法律专家、伦理学者和AI开发者共同探讨这些问题。

 学习目标

知识目标	能力目标	素养目标
1.了解不同国家和组织的人工智能伦理规范的核心内容和原则。 2.了解人工智能法律规制的国际经验，特别是美国、英国、欧盟的法律规制手段和实践。 3.熟悉中国在人工智能领域的法律规制。 4.认识人工智能行政监管与行业自律的重要性，了解不同国家和地区在这方面的实践及差异。	1.能够分析和评价不同国家和地区的人工智能伦理规范，理解其背后的文化、社会和法律价值观。 2.能够运用所学知识，对人工智能领域的法律问题进行初步的分析和判断。 3.能够探讨和提出针对人工智能伦理问题的合理解决方案，特别是在行政监管和行业自律方面。	1.培养对人工智能伦理的规制意识和社会责任感。 2.提升国际视野，增强对不同文化背景下人工智能伦理问题的理解和尊重。 3.培养责任意识和担当意识，积极参与人工智能伦理问题的讨论和实践。

橙曦启明

 学习导航

学习重点	1. 不同国家和组织的人工智能伦理规范的核心内容和原则。 2.不同法律体系下人工智能的法律规制手段和实践。 3.人工智能行政监管和行业自律的机制及其作用。
学习难点	1. 不同文化背景下的人工智能伦理规范差异。 2.如何保持法律规制在技术发展中的适应性和有效性。 3.行政监管和行业自律在人工智能领域的具体实践。
推荐教学方式	讨论教学法、案例教学法、对比分析法
推荐学习方法	情境模拟法、小组任务法、角色扮演法
建议学时	6学时

第一节　人工智能的伦理规范

案例导入

2017 年 5 月，"小冰"的诗集《阳光失了玻璃窗》正式出版。出版方宣称，这是人类历史上第一部由机器人创作的诗集。为了获得写诗技能，"小冰"学习了 20 世纪 20 年代以来 519 位诗人的现代诗，被训练超过 10000 次。人类如果要把这些诗读 10000 遍，则大约需要 100 年。"小冰"之父、微软"小冰"团队负责人李笛透露，一开始"小冰"写出的诗句毫不通顺，但现在已经形成了独特的风格、偏好和行文技巧。据介绍，"小冰"基于微软提出的情感计算框架，拥有较完整的人工智能感官系统——文本、语音、图像、视频和全时语音感官。小冰创作诗歌的过程是这样的：从灵感的来源、本体知识被诱发、黑盒子创作到创作出成果，最初的诱发源已经失去了意义，升华为蕴含思想和情感的诗歌。诗集中，"小冰"将寂寞、悲伤、期待、喜悦等 1 亿用户教会她的人类情感，通过 10 个章节以诗歌的形式展现在这本诗集里。自 2017 年 2 月起，"小冰"在天涯、豆瓣、贴吧、简书四个平台上使用了 27 个化名发表诗歌作品，如"骆梦""风的指尖""一荷""微笑的白"，几乎没有被察觉出这些诗歌非人为所作。

学习任务

在线学习	自学或共学课程网络教学平台的第六章第一节资源。
小组探究	以小组为单位，结合上述案例选择下列问题中的一个展开探究。 **问题一：**"小冰"的诗集出版了，请问版权属于谁？如何分辨一首诗歌是人工智能创作的还是人创作的？需要分辨吗？人们应如何处理虚拟与现实的关系？这涉及哪些伦理规范？又该如何规范？ **问题二：**建立人工智能伦理规范是否是全球共性问题？ **问题三：**建立人工智能伦理规范，有哪些可以借鉴的域外经验？ **问题四：**如何构建与完善我国人工智能伦理规范？
实践训练	以小组为单位，分角色扮演联合国教科文组织代表、美国代表、英国代表、欧盟代表和中国代表，结合课前查阅的相关资料，阐述你所代表的国家或组织关于人工智能伦理规范的相关规定。

知识探究

爱因斯坦曾指出，"要使你的工作增进人类福祉，仅仅了解应用科学是不够的，对人类本身及其命运的关怀必须成为一切技术努力的主要旨趣。"人工智能是一把"双刃剑"，人工智能的发展与应用一方面有利于增进民生福祉，另一方面也会引发政策、法律、伦理等社会风险。2017 年，我国在《新一代人工智能发展规划》中指出，要积极参与人工智能全球治理，加强国际共性问题研究，深化在人工智能法律法规等方面的国际合作。2018 年 10 月 31 日，习近平总书记在中共中央政治局第九次集体学习时指出，要加强人工智能发展的潜在风险研判和防范，维护人民利益和国家安全，确保人工智能安全、可靠、可控。要整合多学科力量，加强人工智能相关法律、伦理、社会问题研究，建立健全保障人工智能健康发展的法律法规、制度体系、伦理道德。

在应对人工智能技术应用带来的伦理挑战方面，联合国教科文组织于 2021 年 11 月发布了《人工智能伦理问题建议书》，多个国家和组织也积极进行人工智能伦理规范的探索与实践，并取得了一些成果。

一、联合国的人工智能伦理规范

微课

AI 治理密码之伦理规范（一）

（一）出台背景

《人工智能伦理问题建议书》（以下简称《建议书》）是联合国教科文组织首次在全球范围内针对人工智能伦理挑战发布的一份具有指导意义的规范性文书。它不仅为相关研究提供了伦理层面的"指南针"和"路线图"，还反映了当前人工智能技术发展的时代需求及在不同应用场景下的实际诉求。该《建议书》不仅构建了人工智能伦理问题的基本框架和标准，还为人工智能在多个领域的应用提供了具体、实用的建议和政策行动指南。通过全面、系统地探讨人工智能应用中的共性伦理问题，有助于构建一个法律"硬法"规制与伦理"软法"规范相结合、协同作用的人工智能技术治理体系，从而推动人工智能技术的健康、可持续发展。

（二）主要内容

《建议书》首先对人工智能的概念进行了界定，同时阐明了人工智能与伦理规范的关系，重点对算法透明度、问责制和隐私相关问题进行了探讨，初步构建了人工智能在数据管理、教育、文化、劳工、医疗保健、经济等多个领域的伦理规范框架。其次是提出了《建议书》的宗旨和目标。宗旨在于提供基础，让人工智能系统可以造福人类、个人、社会、环境和生态系统，防止危害，促进和平利用人工智能系统。目标在于依照国际法，提供一个由价值观、原则和行动构成的普遍框架，指导各国制定与人工智能有

橙曦启明

173

关的立法、政策或其他文书。再次是提出了《建议书》的价值观和原则。发展和应用人工智能应体现四大价值：尊重、保护和提升人权及人类尊严；促进环境与生态系统的发展；保证多样性和包容性；构建和平、公正与相互依存的人类社会。同时，明确了人工智能技术的十大原则：相称性和不损害、安全和安保、公平和非歧视、可持续性、隐私权和数据保护、人类的监督和决定、透明度和可解释性、责任和问责、认识和素养，以及多利益攸关方与适应性治理和协作。《建议书》第四部分具体探讨了 11 个政策行动领域，主要涉及伦理影响评估、伦理治理和管理、数据政策、发展与国际合作、环境和生态系统、性别、文化、教育和研究、传播和信息、经济和劳动、健康和社会福祉。最后，具体明确了《建议书》的监测评估、使用推广与宣传。

（三）时代意义

《建议书》的制定是人工智能技术发展的时代需求，也是对人工智能技术应用所引发的社会问题的现实回应，其颁布的时代意义在于从发展包容的视角，提出了应对人工智能已知和未知影响的建议，为不同国家制定人工智能伦理规范提供了参考和指南，并促使利益攸关方在国际社会之间和不同文化之间对话的基础上共同承担责任，保护和促进《建议书》提出的人工智能伦理价值观、原则、标准及可行步骤，同时从理论与实践两个方面明确了落实《建议书》价值观和原则的具体政策行动领域，为未来将人工智能伦理规则由劝导性、鼓励性转向制度性、强制性奠定了扎实的理论基础。

 **思维训练**

2023 年 3 月 30 日，联合国教科文组织发表声明，呼吁各国政府尽快实施该组织通过的首份人工智能伦理问题全球性协议——《人工智能伦理问题建议书》。该组织总干事阿祖莱在声明中说，世界需要更强有力的人工智能伦理规则，这是时代的挑战。"现在是时候在国家层面实施这些战略和法规了。我们必须言出必行，确保实现《建议书》的目标。"声明说，联合国教科文组织对科技创新引发的伦理问题表示关切，行业自律显然不足以避免这些伦理危害，因此，《建议书》提供了工具，以确保人工智能的发展遵守法律，避免造成危害，并在危害发生时启动问责和补救机制。声明指出，迄今为止，有 40 多个国家已与联合国教科文组织开展合作，依据《建议书》在国家层面制定人工智能规范措施。该组织呼吁所有国家加入这一行动。

💡【议一议】全球各国在人工智能的伦理规范方面遇到哪些困难与挑战？为什么要制定《人工智能伦理问题建议书》？

二、其他国家或组织的人工智能伦理规范概览

（一）美国

美国在互联网、大数据、人工智能技术应用与规范治理方面相对宽松，其利益平衡与价值取向的核心以技术发展应用为重点。美国以非强制性监管为主推出安全风险评估框架治理模式，引导各类主体开展人工智能安全风险治理，这种治理模式很难将人工智能伦理性原则转化为具体行动，针对人工智能技术发展呈现出违背伦理与法治的趋势，美国政府及时采取措施对人工智能发展进行规范与引导[1]。

2017年10月24日，美国信息技术产业理事会发布《人工智能政策原则》，该文件提出了三大层面共14项原则，从人工智能发展和创新的角度回应关于失业、责任等担忧，呼吁加强公私合作，共同促进人工智能利益最大化、风险最小化。2020年1月7日，为监管人工智能技术的发展与应用，美国发布了《人工智能应用规范指南》，提出人工智能技术发展应用的10条指导规范，对于人工智能技术发展与产业应用进行了深入而全面的思考，强调公众的信任与参与、科学诚信与信息质量、风险评估与管理、收益与成本、灵活性、公平与不歧视、披露与透明度、安全与机构间协调等问题，为人工智能技术应用与产业发展提供了伦理指南[2]。

（二）英国

早在2016年，英国政府就将人工智能纳入国家战略，随后出台一系列文件，从战略规划、科研投入、治理规则、国际合作等多个方面构建人工智能治理体系，并形成了具有代表性的英国人工智能监管体系[3]。2018年4月16日，英国发布了《英国人工智能发展的计划、能力与志向》，为人工智能研发与应用制定了基本的伦理原则，并探索相关标准和最佳实践，以便实现行业自律，同时对英国议会关注的人工智能法律政策十大热点问题进行了探讨。

近年来，英国在人工智能伦理规范及其应用场景的精准监管上采取了一系列创新和多元化的治理措施，旨在确保AI技术的安全、透明与公平使用。2023年6月，英国政府发布了针对人工智能产业的监管白皮书，提出了针对ChatGPT等AI系统治理的基本原则，包括但不限于安全性、透明度、公平性、责任可追溯性和隐私保护。这些原则为人工智能应用的开发和部署提供了明确的指导框架，并鼓励企业遵循高标准的伦理准则。

---

① 唐淑臣，许林逸．美国人工智能适配伦理与管控的政府指引与我国适用之启示 [J].情报杂志，2023，42（01）：52-58.

② 同注①：297.

③ 周辉，金偲艾．英国人工智能监管实践、创新与借鉴 [J].数字法治，2023（5）：194-206.

（三）欧盟

欧盟现行有效的人工智能发展政策和伦理法规主要包括《通用数据保护条例》《产品责任指令》《人工智能道德准则》等。值得一提的是，2019年4月，欧盟发布《可信赖的人工智能伦理准则》，从战略角度定位人工智能价值观，明确了人类优先、务必有益于社会和个人、在人工智能价值观指引下发展全球人工智能等原则。《可信赖的人工智能伦理准则》着重提出了可依赖的人工智能的三个基本条件、四条伦理准则及可依赖的人工智能应当满足的七个条件。其中，三个基本条件具体指合法、合乎伦理、鲁棒（技术稳健）；四条伦理准则具体指尊重人的自主性、防止损害、公平性和可解释性；可依赖的人工智能应当满足的七个条件具体为人的能动性及监督、技术鲁棒性和安全性、隐私和数据管理、透明性与多样性、非歧视性和公平性、社会和环境福祉、问责。《可信赖的人工智能伦理准则》告诫人们要时刻铭记，人工智能的发展并不是为了发展其本身，其最终目标应该是为人类谋福祉。

三、中国的人工智能伦理规范

（一）政策颁布

从基础的理论研究到原则与规范的提出，再到人工智能伦理原则的落地，人工智能伦理的研究范式也在发生相应变化。2017年7月8日，国务院印发《新一代人工智能发展规划》，这是我国在人工智能领域的首个系统部署文件，标志着我国人工智能国家战略正式拉开序幕。2018年1月，国家标准化管理委员会发布了《人工智能标准化白皮书2018》。2019年6月，国家新一代人工智能治理专业委员会发布了《新一代人工智能治理原则———发展负责任的人工智能》。2020年，国家标准化管理委员会联合四部门共同出台《国家新一代人工智能标准体系建设指南》，其中明确了伦理安全标准的重要地位。2021年1月，全国信息安全标准化技术委员会正式发布《网络安全标准实践指南———人工智能伦理安全风险防范指引》，该文件是国家层面出台的首个涉及一般性、基础性人工智能伦理问题与安全风险问题的文件。2021年9月25日，国家新一代人工智能治理专业委员会发布了《新一代人工智能伦理规范》，旨在将伦理道德融入人

微课

AI治理密码之伦理规范（二）

全国信息安全标准化技术委员会发布
《网络安全标准实践指南———人工智能伦理
安全风险防范指引》

工智能全生命周期，促进人工智能健康发展。

（二）规范建设

2017 年 7 月 8 日，国务院印发《新一代人工智能发展规划》。该规划提出了面向 2030 年我国新一代人工智能发展的指导思想、战略目标、重点任务和保障措施。规划中明确提出了"三步走"战略目标，并针对人工智能可能带来的挑战，从法律法规、伦理规范、重点政策等方面提出了相关保障措施，以形成适应人工智能发展的制度安排。这一规划是我国在人工智能领域的重要政策文件，旨在推动人工智能技术的发展和应用，同时确保其安全、可控和符合伦理规范。2019 年 6 月，国家新一代人工智能治理专业委员会发布了《新一代人工智能治理原则———发展负责任的人工智能》，文件突出"发展负责任的人工智能"这一主题，强调和谐友好、公平公正、包容共享、尊重隐私、安全可控、共担责任、开放协作、敏捷治理等八条原则，为未来人工智能相关立法工作提供重要依据。2021 年 9 月 25 日，国家新一代人工智能治理专业委员会发布了《新一代人工智能伦理规范》，文件提出了增进人类福祉、促进公平公正、保护隐私安全、确保可控可信、强化责任担当、提升伦理素养等 6 项基本伦理规范，同时，提出人工智能管理、研发、供应、使用等特定活动的 18 项具体伦理要求，旨在将伦理道德融入人工智能全生命周期，为从事人工智能相关活动的自然人、法人和其他相关机构等提供伦理指引。

人工智能需要规范建设

（三）模式构建

我国人工智能伦理规范模式借鉴了美国从理论层面和实操层面对人工智能技术发展与应用进行伦理规范的经验，也学习了英国的应用场景的精准监管与政府的多元治理经验及欧盟的透明度和问责制、公平性和包容性、避免歧视和不平等等先进理念与原则。

在立足现实国情与借鉴域外经验的基础上，我国人工智能伦理治理模式逐渐向软硬兼备、软法"硬化"转变，以提高软法约束力与执行可能性。《新一代人工智能伦理规范》提出的 6 项基本伦理规范与 18 项具体伦理要求是对国外人工智能伦理理论规范与实操规范的借鉴与创新发展，同时我国人工智能伦理规范模式开始尝试构造软硬法混合治理的"中心—外围"模式，该模式的要义包括：国际软法向国内硬法渗透，技术标准经由国内法转化而具有约束力；鼓励企业、用户群体、非政府组织、科研机构等多元监管主体积极参与人工智能伦理的研讨，促进国内软硬法相互影响、相互转化；国内企业、学术界和政府间国际组织等出台围绕人工智能的特定用途文件，将技术治理偏好向国际软法渗透，争取国际标准制订的话语权 [1]。以硬法为中心，以软法为外围，国内软法向国际软法渗透，进而渐次构建与完善软硬结合的人工智能伦理中国治理模式，以保障我国人工智能技术与产业的健康有序发展。

 智慧锦囊

我们应当设计人工智能系统，使之反映我们的最高价值观，而非我们的最坏习性。

——未来学家 凯文·凯利

延伸学习

2022 年 6 月 24 日，第六届世界智能大会"人工智能伦理高峰论坛"在天津举办。论坛以"人工智能的伦理挑战与治理策略"为主题，邀请人工智能领域具有代表性的院士、专家、学者，深入探讨人工智能的伦理挑战、伦理治理、安全可靠可控人工智能的构建等方面问题，积极探索人工智能伦理的建设目标、重点任务、实现路径和制度保障，推动形成人工智能伦理治理的生动实践。

---

① 朱明婷，徐崇利.人工智能伦理的国际软法之治：现状、挑战与对策 [J]. 中国科学院院刊，2023，38(7)：1037-1049.

第六届世界智能大会"人工智能伦理高峰论坛"在天津举办

第二节　人工智能的法律规制

 案例导入

　　2017 年 10 月，在沙特阿拉伯举行的未来投资计划会议上，一个名叫索菲亚（Sophia）的"女性"机器人被授予沙特阿拉伯国籍。当大会主持人对索菲亚说道"索菲亚，我希望你能听到，你将是被授予沙特阿拉伯国籍的首个机器人"时，作为回应，机器人索菲亚向沙特阿拉伯政府表示感谢。她还称，成为拥有沙特阿拉伯护照的首个机器人，对自己来说是莫大的荣幸。索菲亚由总部设在香港的汉森机器人（Hanson Robotics）科技公司设计并制造，她采用人工智能和谷歌的语音识别技术，号称可以模拟超过 62 种面部表情，被媒体称为"最像人的机器人"。

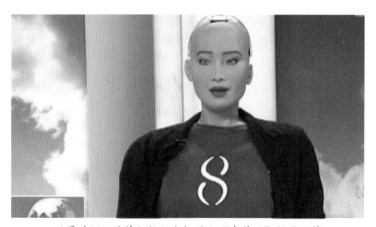

世界首例！沙特阿拉伯向机器人"索菲亚"授予国籍

学习任务

在线学习	自学或共学课程网络教学平台的第六章第二节资源。
小组探究	以小组为单位，结合上述案例选择下列问题中的一个展开探究。 **问题一**：无数个"索菲亚"在向我们走来。你赞成给"她们"授予国籍吗？为什么？ **问题二**：人工智能可以成为法律主体吗？国外和国内的观点有什么异同之处？ **问题三**：美国、英国、欧盟对人工智能法律问题有哪些规制？ **问题四**：我国如何通过立法对人工智能在不同领域与场景的应用进行规制？
实践训练	使用市面上关注度较高的AI大模型，进行特殊的"人机采访"。向AI大模型提问以下问题：人工智能能成为法律主体吗？你认为自己生成的内容是否属于你的原创作品？你认为自己是否需要承担法律责任？

知识探究

随着互联网、大数据及人工智能技术的发展，人们已迈入一个深度融合的智能互联网时代。这个时代以人工智能为核心驱动力，正以前所未有的速度重塑所有传统行业。然而，这种迅猛的技术进步也带来了一系列对传统法律体系和法律秩序的挑战。在构建人工智能的法律规制时，应坚定秉持人本原则，既要充分发挥技术为人类带来的正面价值，又要警惕并遏制其可能产生的负面影响。我们的目标是在推动人工智能健康发展的同时，通过法律手段对其进行必要的校正和限制，以确保技术服务于人类社会的可持续发展。

一、其他国家或组织的人工智能法律规制概览

微课

AI治理密码之法律规制（一）

（一）美国

美国对于人工智能的法律规制从算法决策应用场景开始，起步早、分类细。同时，根据弱人工智能、强人工智能、超人工智能不同发展阶段，美国立法机关、行政机关和司法机关根据分工与职能定位，三方相互配

合、协同推进，以实现对人工智能的有效规制与监督。

2017 年，美国国会提出两党法案——《人工智能未来法案》，作为首个人工智能联邦法案，其特色与亮点在于设立联邦人工智能发展与应用咨询委员会，同时完善了人工智能法律规制的工作机制。2019 年，美国总统签署美国人工智能倡议的行政令，旨在从政府的角度为人工智能发展提供支持。2022 年 10 月，美国白宫发布的《人工智能权利法案蓝图》（以下简称《蓝图》）可被视为其人工智能治理的一个重要阶段性成果，该《蓝图》提出建立安全和有效的系统、避免算法歧视、以公平方式使用和设计系统、保护数据隐私等基本原则，且将公平和隐私保护视为法案的核心宗旨，后续拟围绕这两点制定完善的细则。美国司法机关作为人工智能法律监督的最后环节，主要通过不断完善人工智能司法判例，指导后续涉及人工智能的司法活动。此外，美国的相关监管机构在推动人工智能技术的创新与安全应用上也采取了行动。在医疗领域，美国食品药品监督管理局于 2017 年发布数字健康创新行动计划，批准九款人工智能医疗产品临床使用。在无人驾驶领域，美国国家公路交通安全管理局于 2021 年发布命令，强制自动驾驶汽车提供事故数据报告。

（二）英国

英国在人工智能领域的法律法规制定和更新上也表现出积极的态度。2022 年 7 月，英国数字、文化、媒体和体育部（DCMS）发布了新的人工智能规则提议，旨在促进 AI 在英国的安全和迅速采用，同时保护消费者权益和维护市场竞争秩序。2023 年 3 月，英国政府发布了《支持创新的人工智能监管方式》政策文件。文件指出，人工智能的应用应符合英国现有的法律，不得歧视个人或产生不公平的商业结果；需要采取措施确保对人工智能的使用方式进行适当的监督，并对结果进行明确的问责。2023 年 6 月，英国政府发布的《促进创新的人工智能监管方法》白皮书指出，为鼓励人工智能的创新，并确保能够对日后产生的各项挑战做出及时回应，当前不会对人工智能行业进行严格立法规制。2023 年 12 月 20 日，英国最高法院做出裁决，明确表示人工智能程序不能被认定为专利发明人，这一判决对于界定 AI 在知识产权法中的地位具有里程碑意义。

（三）欧盟

近年来，欧盟在人工智能法律规制的进路上抓住了人工智能的本质。欧盟颁布的《一般数据保护条例》是一项全面且严格的个人数据和隐私保护法规，于 2018 年 5 月 25 日起在所有欧盟成员国及欧洲经济区国家强制实施。该条例旨在统一整个欧盟范围内的数据保护法律框架，增强个人数据的安全性和透明度，并赋予个人对其个人数据更大的控制权。

2021 年 4 月，欧盟委员会提出《人工智能法案》提案的谈判授权草案。此后，欧洲议会和欧盟理事会就草案进行了多轮修订和讨论。2023 年 6 月，欧洲议会投票通过

橙曦启明

了该谈判授权草案，推动了该法案进入立法程序的最后阶段。该法案首先考虑了监管"黑箱"技术的核心诉求，突破性地规范人工智能与欧盟社会价值观的融合，其次在做出更细化指引的同时创建严格的风险等级，对于高风险人工智能技术做出与之匹配的监管等级。该法案还对禁止实时面部识别及ChatGPT等生成式人工智能工具的透明度等问题做出规定。按照立法程序，2023年12月，欧洲议会、欧盟成员国和欧盟委员会三方就《人工智能法案》达成了协议。2024年2月2日，欧盟27国代表投票一致支持《人工智能法案》文本，标志着欧盟向立法监管人工智能迈出重要一步。3月13日，欧洲议会以压倒性票数正式通过《人工智能法案》，这标志着欧盟扫清了立法监管人工智能的最后障碍。

 **思维训练**

> Aiva Technologies是AI音乐创作领域的一家创业公司。Pierre Barreau、Denis Shtefan、Arnaud Decker和Vincent Barreau在卢森堡和伦敦创立了该公司。他们创造了一个AI作曲家，并称之为"Aiva"（Artificial Intelligence Virtual Artist，人工智能虚拟艺术家），并教它如何创作古典音乐。古典音乐一直以来被视为一种高级的情感艺术，通常被视作一种独特的人类品质，而Aiva的音乐作品却能够用作电影、广告，甚至是游戏的配乐。Aiva Technologies已经发布了第一张专辑《Genesis》，该专辑包含不少单曲。Aiva还成为人工智能领域第一个正式获得世界地位的作曲家。它取得了法国和卢森堡作者权利协会的合法注册，并发行了具有法定署名权的作品和专辑。
>
> 💡**【辩一辩】**人工智能在艺术创作中的应用是人类智慧新高度的展现还是对传统人类创造力的挑战？

二、中国的人工智能法律规制

微课

AI治理密码之
法律规制（二）

自2016年《中华人民共和国网络安全法》颁布以来，秉持着"以人为本"和"智能向善"的积极理念，中国在人工智能领域颁布了一系列重要的法规和政策文件，以引导和规范该领域的发展。

2020年，全国人大常委会立法工作计划首次提及人工智能立法规制，明确要求"重视对人工智能、区块链、基因编辑等新技术新领域相关法律问题的研究。"2023年6月，国务院发布了关于国务院2023年度立法工作计划的通知，提出在实施科教兴国战略、推进文化自信自强方面，预备提请全国人大常委会审议人工智能法草案。这意味着，我国国家层面的人工智能立法已被提上日程，且注重促进和规制并行，有序推进。目前，我国在人工智能的法律规制方面还没有制定统一的法律法规对其研发、应用与管理进行统一的规制，仅通过分散式立法对人工智能在不同领域与场景的应用进行回应与规制。以下仅就相关的重要法规进行简略介绍。

（一）《中华人民共和国民法典》

《中华人民共和国民法典》对人工智能时代的人格利益保护问题进行了规定，包括保护公民隐私权和个人信息、规范"深度伪造"他人肖像或声音等行为。具体如下。

《中华人民共和国民法典》第 1032 条规定：自然人享有隐私权。任何组织或者个人不得以刺探、侵扰、泄露、公开等方式侵害他人的隐私权。《中华人民共和国民法典》第 1034 条规定：自然人的个人信息受法律保护，个人信息是以电子或者其他方式记录的能够单独或者与其他信息结合识别特定自然人的各种信息，包括自然人的姓名、出生日期、身份证件号码、生物识别信息、住址、电话号码、电子邮箱、健康信息、行踪信息等。《中华人民共和国民法典》第 1035 条规定：处理个人信息的，应当遵循合法、正当、必要原则，不得过度处理，并符合下列条件：（一）征得该自然人或者其监护人同意，但是法律、行政法规另有规定的除外；（二）公开处理信息的规则；（三）明示处理信息的目的、方式和范围；（四）不违反法律、行政法规的规定和双方的约定。

《中华人民共和国民法典》对人工智能的法律规制

（二）《中华人民共和国个人信息保护法》与《中华人民共和国数据安全法》

基于《中华人民共和国民法典》对个人信息保护规定比较宏观，且操作性不强、具体法律责任不明的现实情况，为了保护个人信息权益，规范个人信息处理活动，促进个人信息合理利用，2021 年《中华人民共和国个人信息保护法》适时出台，它的制定绝不是回应世界潮流之举，而是我国法律体系完善、发展的必然结果。《中华人民共和国个人信息保护法》明确了国家机关与国家工作人员对个人信息保护的法律责任，其第

68 条规定：国家机关不履行本法规定的个人信息保护义务的，由其上级机关或者履行个人信息保护职责的部门责令改正；对直接负责的主管人员和其他直接责任人员依法给予处分。履行个人信息保护职责的部门的工作人员玩忽职守、滥用职权、徇私舞弊，尚不构成犯罪的，依法给予处分。

2021 年 9 月开始施行的《中华人民共和国数据安全法》是在人工智能发展应用背景下，我国第一部以规制数据安全为核心内容的专项法案，其施行既有利于弥补我国数据安全保护领域的法律空白，为保护我国数据安全及维护数据主权提供法律支持，又有利于推动以数据为核心的数字经济的发展，实现我国产业的数字化转型升级。《中华人民共和国数据安全法》的施行，不仅为我国参与国际数据安全治理奠定了国内法基础，还完善了我国的数据立法体系，有助于提高我国应对数据风险与挑战的能力。

（三）《中华人民共和国著作权法》与《生成式人工智能服务管理暂行办法》

2020 年修正的《中华人民共和国著作权法》涉及多处内容修改，包括对作品定义、作品类型划分进行修改，增加视听作品类型，引入侵权惩罚性赔偿制度，明确保护著作权的技术措施的定义，对著作权的合理使用增加不以营利为目的的限制性规定等。《中华人民共和国著作权法》的修改是为了适应人工智能生成内容法律定位的现实需要而进行的，修改后的《中华人民共和国著作权法》突破作品类型法定原则，顺应人工智能技术发展的需求，赋予司法机关认定新作品类型的裁量权，特别是作品概念界定的修正为人工智能生成内容版权保护打开了通道。

《生成式人工智能服务管理暂行办法》（以下简称《办法》）是国家互联网信息办公室为促进生成式人工智能健康发展和规范应用，根据《中华人民共和国网络安全法》《中华人民共和国数据安全法》《中华人民共和国个人信息保护法》等法律、行政法规制定的部门规章草案。2023 年 7 月，国家互联网信息办公室联合国家发改委、教育部、科技部、工业和信息化部、公安部、广电总局公布了《生成式人工智能服务管理暂行办法》，自 2023 年 8 月 15 日起施行。该《办法》为促进生成式人工智能健康发展和规范应用，维护国家安全和社会公共利益，保护公民、法人和其他组织的合法权益而制定。国家坚持发展和安全并重、促进创新和依法治理相结合的原则，采取有效措施鼓励生成式人工智能创新发展，对生成式人工智能服务实行包容审慎和分类分级监管。该《办法》与《互联网信息服务算法推荐管理规定》（2021）《互联网信息服务深度合成管理规定》（2022）等现有规范一脉相承，延续了此前的监管手段，同时明确了分类分级监管的原则，健全了我国人工智能法律政策治理体系。

综上所述，这些重要的法规和政策文件，不仅为人工智能的发展提供了指导和保障，也体现了我国政府在推动人工智能技术创新和应用方面的决心和投入。

智慧锦囊

> 与火的发现和印刷机的发明一样，人工智能有望塑造全球发展的新面貌，助力世界取得非凡成就，但也可能成为在全球和国家层面引发分歧的重要推手。因此，我们必须确保这一意义非凡的工具能够为所有人使用。
>
> ——克劳斯·施瓦布

延伸学习

电影推荐：

《机器人与弗兰克》是由杰克·施莱尔执导、弗兰克·兰格拉和詹姆斯·麦斯登领衔主演的剧情片。影片讲述了患有痴呆症的老人和机器人共同生活的故事。刚刚步入老年的弗兰克开始有轻微老年痴呆的症状，时常神智混乱，无法与人们进行正常的交流。他的一对儿女亨特、麦迪森为父亲提供了一个机器人来照料他的日常生活。弗兰克一开始无法接受这个冷冰冰的机器人，在经历了初期的磨合后，弗兰克发现眼前这个全能的机器人不仅细心照料着自己的起居，更会静静地陪在身边，温柔地倾听自己的内心。弗兰克和机器人慢慢变成了好朋友。在该电影中，机器人拥有强大的人工智能，可以用流利的语言和任何人对话，可以做饭，收拾屋子，检查弗兰克的身体状况，甚至培养弗兰克健康的生活习惯。人工智能机器人并非普通的机器人，它有着独立的思考能力。

第三节　人工智能的行政监管与行业自律

案例导入

美国 OpenAI 公司研发的生成式人工智能 ChatGPT 在 2022 年底横空出世后，多国研究人员纷纷跟进"大语言模型"技术，在全球多地形成了开发本地语言生成式人工智能的热潮。

在中国，百度公司"文心一言"和科大讯飞公司"星火"等大语言模型产品经过快速迭代，已显示出较好的中文处理能力，被不少企业用作生产力工具。

在法国，截至 2023 年 9 月，已有 79 家生成式人工智能初创公司。其中，米斯特拉尔人工智能公司估值近 20 亿欧元，成为欧洲人工智能领域的领军企业。2023 年 12 月，这家公司发布了"Mixtral 8x7B"模型，该模型掌握法语、西班牙语、意大利语、英语和德语 5 种语言。

俄罗斯网络巨头央捷科斯公司开发的 YandexGPT 于 2023 年 10 月成功通过了俄罗斯国家统一考试中的文学科目，比高校文学科目最低录取线高出 15 分。公司搜索和广告技术团队经理德米特里·马修克说，它在俄语回复方面已超越 ChatGPT 的 3.5 版本。

由越南温纳集团旗下的 VinBigData 公司研发的生成式人工智能产品 ViGPT 于 2023 年 12 月 27 日正式面世，它包含超过 600GB 数据量的越南语语料，系首款越南语的生成式人工智能产品。

韩国媒体振兴财团推出"Bigkinds AI"服务，这项服务结合了新闻大数据分析系统"Bigkinds"和生成式人工智能技术，允许用户通过类似聊天的方式提问，然后基于新闻提供相关信息。

此外，日本也研发了本国语言的生成式人工智能；新加坡于 2023 年 12 月颁布了全国人工智能战略 2.0，同时计划开发能理解印尼语、马来语和泰语的大语言模型。

 ## 学习任务

在线学习	自学或共学课程网络教学平台的第六章第三节资源。
小组探究	以小组为单位，结合上述案例选择下列问题中的一个展开探究。 **问题一**：如何看待多国掀起研发本地语言模型产品的热潮？ **问题二**：研发本地语言模型产品将对本国发展带来什么机遇与挑战？ **问题三**：为了引导语言模型行业的规范发展，应该如何制定行政监管措施与行业自律规则？
实践训练	模拟一场关于语言模型行业的发展研讨会，请部分同学作为行政机关代表，部分同学作为行业代表，从不同的角度研讨如何促进语言模型行业的规范发展。

知识探究

人工智能技术的发展与应用是一项涉及多个领域的综合性系统工程。在这个复杂的体系中，除了着重强化人工智能的伦理规范和法律规制，行政监管的有效实施和行业内部的自律机制也是确保人工智能技术理性、稳健、长远发展的不可或缺的重要措施。只有这些举措协同作用，才能更好地引导人工智能技术的健康发展，为社会带来持续且积极的变革。

一、人工智能的行政监管

（一）其他国家和组织的人工智能行政监管概览

1. 美国

2022 年，美国设立了专门的人工智能政府机构——美国商会人工智能竞争力、包容性和创新委员会（以下简称人工智能委员会）来规范各主体运营，该机构旨在向政策制定者和公众普及人工智能的类型、用途及其可能带来的风险挑战，同时协调各方利益，形成有利于人工智能发展的政策环境。同年，美国白宫发布《人工智能权利法案蓝图》，旨在建立安全有效的人工智能风险监管系统。此外，在人工智能行政监管方面，美国政府还采取了以下一些主要措施。

1）管理框架

2023 年 3 月，人工智能委员会发布《人工智能委员会报告》，提出应当基于效率、中立、比例性、共治性及灵活性五大原则，构建一个必要的、基于风险的、分布式的、协调的人工智能监管治理框架，以帮助美国抓住人工智能技术广泛应用的窗口期，解决关键风险与威胁，发挥人工智能的巨大潜力。而此前不久，美国国家标准与技术研究院于 2023 年 1 月发布了《人工智能风险管理框架》1.0 版，旨在指导机构组织在开发和部署人工智能系统时降低安全风险，避免产生偏见和其他负面后果，提高人工智能可信度。该框架不具有法律效力，从性质上来讲是非强制性的指导性文件，供设计、开发、部署、使用人工智能系统的机构组织自愿使用。

2）AI 研究投入

2023 年 5 月，美国白宫宣布了一系列举措以应对人工智能风险，其中包括美国国家科学基金会计划拨款 1.4 亿美元建立专门针对人工智能的新研究中心。

3）AI 发展战略目标

2023 年 10 月 30 日，美国白宫发布行政命令——《关于安全、可靠和可信的 AI 行政命令》，以确保美国在把握 AI 的前景和管理其风险方面处于领先地位。该行政命令包含 8 个目标：①建立 AI 安全的新标准；②保护美国民众的隐私；③促进公平和公民权利；④维护消费者、病患和学生的权益；⑤支持劳动者；⑥促进创新和竞争；⑦提升美国在海外的领导力；⑧确保美国政府负责任且有效地使用 AI。

4）跨部门政策协调与指导

美国政府要求各联邦机构在实施"全政府"人工智能战略时采取具体举措，包括但不限于优先处理人工智能的研发投资、开放政府数据和模型供研究使用，并且发布了关于如何负责任地开发和部署 AI 系统的指导方针草案。

5）实验监管与国际合作

美国政府要求人工智能实验室必须报备大型人工智能实验，体现了对先进人工智能潜在风险的关注和监管加强。美国政府还积极参与国际层面的人工智能伦理和治理讨论，倡导建立全球范围内统一的标准和规范。

2. 英国

近年来，英国政府在人工智能行政监管方面采取了多维度的措施，以确保 AI 技术安全、可靠、可控。以下是一些关键举措。

1）监管框架

英国在人工智能行政监管方面具有自身的特点与优势，为人工智能治理提供了新的监管思路和监管模式。2023 年 3 月，英国政府发布人工智能监管白皮书，提出了一种促进创新且维护公众信任的灵活监管方式。在强调五项跨部门监管原则（安全性、保障性和鲁棒性原则，适当的透明度和可解释性原则，公平原则，问责制和治理原则，竞争和补救原则）的基础上，创新应用跨部门原则的"非法定"首选模型；创新提供支持人工智能监管框架的"中枢职能"；创新设计生命周期问责制和基础模型的应用；强调问责制、监督治理及可竞争性和后果补救机制。该白皮书主张应避免过于严格的立法干预，而是在现有监管机构间分配责任，共同应对 AI 带来的挑战。此外，英国还计划仿照国际原子能机构模式，在伦敦设立一个全球性的 AI 监管机构，目标是建立一个具有权威性和影响力的中心，以协调和推动全球范围内的 AI 监管标准制定与实施。

2）AI 研究投入

英国政府于 2024 年 2 月宣布投资超过 1 亿英镑启动 9 个新的人工智能研究中心，并为监管人员提供技术培训，旨在推动 AI 技术在医疗保健、化学、数学等领域的应用研究。这笔资金还用于帮助监管机构应对 AI 风险，如开发工具来监控电信、医疗、金融和教育等领域中 AI 技术的风险。

3）人工智能沙盒

2023 年 3 月，英国政府拨款 200 万英镑资助建立人工智能沙盒环境，允许企业在受控环境中测试新的 AI 产品和服务，从而在保障消费者权益的同时鼓励创新。

4）适应性监管策略

根据英国政府 2022 年发布的人工智能监管政策文件，英国提出的监管模式倾向于让不同的监管机构根据各自领域特点采取定制化的监管方法，而不是创建一个专门针对 AI 的单一中央监管机构，这一做法体现了英国政府对技术创新的包容和支持。

5）国际合作与标准制定

英国与美国及其他国际伙伴合作，在负责任 AI 的发展上展开合作，包括分享最佳实践经验、参与全球 AI 伦理和治理标准的制定等。

3. 欧盟

近年来，欧盟在人工智能的行政监管方面采取了一系列重要举措，具体包括以下几个方面。

1）监管框架

欧盟致力于建立一个全面的人工智能监管框架，以确保人工智能技术的安全、可靠和可信赖。为此，欧盟委员会于2018年成立了专门的人工智能高级别专家组，负责对人工智能的道德、法律和社会影响提供建议。该专家组近年来发布了一系列指南和报告，为欧盟的人工智能监管提供了重要参考。同时，欧盟还设立了专门的人工智能监管机构，负责监管人工智能的发展，对违规行为进行调查和处罚，确保人工智能技术的合规性和安全性。此外，欧盟的人工智能监管框架采用了基于风险的方法，将人工智能的使用分为不同的风险等级。高风险的人工智能系统，如自动驾驶汽车和招聘决策系统，需要接受更为严格的监管和审查。而对于低风险的人工智能应用，如电子游戏和垃圾邮件识别软件，则采取较为宽松的监管措施。

2）**数据保护和隐私权益**

欧盟非常注重数据保护和隐私权益。在人工智能的行政监管中，欧盟强调了数据保护和隐私权益的重要性，并采取了一系列措施来确保人工智能系统的数据安全和隐私权益。例如，欧盟从2018年起实施《通用数据保护条例》，该条例规定了严格的数据保护标准，要求企业在收集、存储和处理个人数据时必须遵循隐私保护原则。

3）**透明度和可解释性**

欧盟认为，人工智能系统的透明度和可解释性对于建立公众信任至关重要。因此，欧盟在行政监管中强调了人工智能算法的透明度和可解释性要求。这意味着人工智能系统的开发者必须提供关于其算法工作原理的详细信息，以便公众理解其决策过程。通过提高透明度和可解释性，欧盟旨在减少人工智能算法的误解和滥用风险。

4）**国际合作和交流**

欧盟积极参与国际合作和交流，与其他国家和地区共同探讨人工智能的行政监管问题。欧盟与美国、中国等主要经济体保持密切沟通，分享经验、交流做法，共同推动全球人工智能的健康、安全和可持续发展。通过国际合作和交流，欧盟旨在建立统一的人工智能监管标准，促进全球范围内的人工智能技术创新和应用。

（二）中国的人工智能行政监管

近年来，除了制定伦理规范和法律规制，我国在人工智能的行政监管上也采取了一系列重要举措。这些举措主要体现在以下几个方面。

1. 监管体系

我国政府建立了一个多层次、多维度的人工智能监管体系，旨在确保人工智能技术的安全、可靠和合规发展。这一体系涉及多个政府部门和机构，包括但不限于国家互联网信息办公室、工业和信息化部、科技部等，它们共同协作，形成了全面覆盖的监管网络。这些政府部门和机构负责制定和执行人工智能相关的法规、政策和标准，它们密切关注人工智能技术的发展动态，及时评估和调整监管策略，以确保人工智能技术的发展与社会发展相适应。同时，它们还负责监督和管理人工智能产品的研发、测试、部署和应用过程，确保这些产品符合法律法规和伦理规范的要求。2021年，国家互联网信息办公室等部门联合发布了《互联网信息服务算法推荐管理规定》，对算法推荐服务提供者提出了明确要求；同年，工业和信息化部、公安部、交通运输部联合发布了《智能网联汽车道路测试与示范应用管理规范（试行）》，对智能网联汽车道路测试和示范应用做出了详尽细致的规定；2022年，国家药监局发布了《人工智能医疗器械注册审查指导原则》，为人工智能医疗器械、质量管理软件的体系核查提供参考。此外，我国的人工智能监管体系涵盖人工智能技术的各个应用领域，无论是自动驾驶、智能家居、医疗诊断，还是金融风控等领域，都需要接受政府的监管和审查。这种全面覆盖的监管方式有助于确保人工智能技术在不同领域中的安全、可靠和合规应用。

人工智能的行政监管

2. 标准制定

我国政府积极推动人工智能领域的标准制定工作。通过制定一系列人工智能相关的国家标准、行业标准和团体标准，规范了人工智能技术的研发、应用和管理。这些标准不仅为人工智能技术的创新和应用提供了统一的规范和指导，也为监管部门提供了监管的依据和手段。例如，于2023年5月1日起正式实施的，由国家市场监督管理总局（国家标准化管理委员会）批准发布的《信息技术 人工智能 术语》这项标准，界定了人工智能领域中的基本术语和概念，为人工智能的研发和应用提供了统一的术语规范，有助于消除沟通障碍并促进人工智能技术的广泛应用和发展。

3. 数据安全

我国政府高度重视人工智能数据安全问题。在行政监管中，将数据收集、存储、处理、传输等环节中的数据安全和隐私保护放在重要位置。例如，政府要求人工智能企业建立数据安全管理制度，采取必要的技术手段保障数据安全。同时，政府还加强了对数据泄露、数据滥用等违法行为的打击力度，保障了用户隐私和数据安全。

4. 产业发展

为推动人工智能产业的健康发展，我国政府近年来制定了一系列产业发展规划，明确了人工智能产业的发展目标和方向。例如，《新一代人工智能发展规划》等国家级规划文件，提出了人工智能技术创新和产业应用的重点任务，为产业的健康发展提供了指导。此外，我国政府通过优化产业布局、加强产业协同等措施，促进了人工智能技术的创新和应用。政府还鼓励企业加强自主研发，提高技术水平和核心竞争力，推动人工智能产业向高端化、智能化、绿色化方向发展。

5. 国际合作和交流

我国政府积极参与国际合作和交流，与其他国家和地区共同探讨人工智能的行政监管问题。通过分享经验、交流做法等方式，共同推动全球人工智能的健康、安全和可持续发展。同时，我国政府还重视加强与国际标准化组织、行业协会等的合作，推动人工智能领域的国际标准制定和互认工作。

二、人工智能的行业自律

微课

AI 治理密码之行业自律

（一）其他国家和组织的人工智能行业自律概览

1. 美国

近年来，美国在人工智能行业自律方面采取了多项重要举措，这些举措旨在确保 AI 技术的安全、可靠和合规发展。具体来说，可以概括为以下三个方面。

1）行业内部的自我规范

行业领先企业自发采取自律行动，如 Adobe、IBM、英伟达等，在政府的引导下，承诺采取自愿监管措施来管理 AI 技术的开发风险。这些措施包括在推出新技术或新产品前进行安全测试、构建以安全为首要考虑的系统等。同时，谷歌、微软等巨头也制定了详细的 AI 伦理准则，涵盖数据隐私、算法公平性、透明度和可解释性等方面，为整个行业树立了典范。

2）政府与行业的协同合作

美国政府在人工智能的行业自律方面发挥了重要的支持和引导作用。通过发布政策文件、提供资金支持等方式，美国政府鼓励企业加强自律管理，推动人工智能技术的安全、可靠和合规发展。此外，美国政府与行业组织、企业等各方也开展紧密的沟通和协作，共同建立行业联盟和合作组织，如 Partnership on AI 等。这些联盟和组织通过共同研究、分享经验、制定标准等方式，加强了行业内部的协同合作和信息共享，促进了人工智能技术的协同发展和风险防范。

3）公众参与和透明度

美国在推动人工智能行业自律方面十分注重公众参与和透明度。一些行业组织和企业会定期发布关于人工智能技术的报告和数据，如谷歌和微软的 AI 透明度报告等。这些报告向公众展示了企业在人工智能研发、部署和应用方面的进展和成果，增强了公众对 AI 技术的理解和信任。同时，这种开放透明的态度也有助于企业与公众进行良好的沟通和互动。

2. 英国

近年来，英国在人工智能行业自律方面采取了多项重要举措。具体来说，可以概括为以下四个方面。

1）**行业规范和准则**

英国积极制定并实施了一系列行业规范和准则。例如，英国信息委员会办公室发布了关于人工智能数据保护的指南，为企业处理人工智能相关数据提供了明确指导。同时，多个行业组织联合制定了人工智能伦理准则，强调在人工智能产品的研发和应用过程中应遵循公平性、透明性和可解释性等原则。

2）**监管和审核机制**

为了确保人工智能技术的安全性和可控性，英国政府加强了监管和审核机制。例如，英国政府设立了专门的人工智能监管机构，对人工智能技术的开发、部署和应用进行全程监督，并定期进行评估和审核。这些机制有利于密切关注人工智能技术的潜在风险，一旦发现问题，及时采取措施予以纠正，以保护公众利益不受损害。

3）**行业合作与信息共享**

英国的人工智能行业注重推动合作与信息共享，以共同应对人工智能技术带来的挑战。一些行业组织和企业建立了合作机制，分享最佳实践经验、技术标准和安全漏洞信息。此外，英国还积极参与国际合作，与其他国家和地区共同推动人工智能技术的全球治理和标准制定。

4）**公众参与和透明度**

英国在推动人工智能行业自律方面非常重视公众参与和透明度。一些行业组织和企业会定期发布关于人工智能技术的报告和数据，向公众展示其在研发、部署和应用人工智能技术方面的最新进展。同时，一些企业还积极邀请公众参与讨论，以便更好地了解公众对人工智能技术的期望和关切。这种开放透明的态度有助于建立企业与公众之间的信任，也为人工智能技术的健康发展创造了良好的社会环境。

3. 欧盟

近年来，欧盟在人工智能行业自律方面采取了一系列重要举措，具体表现在以下三个方面。

1）**行业规范和伦理准则**

欧盟积极推动行业规范和伦理准则的制定。例如，欧盟资助的"人工智能伦理准则"项目旨在为人工智能技术的开发和应用提供伦理指导。该项目汇集了来自不同领域的专家,共同制定了一系列人工智能伦理准则。这些准则涵盖数据隐私、算法公平性、透明性和可解释性等方面,为人工智能技术的合规使用提供了重要参考。

2) 监管机构和合作机制

欧盟建立了专门的监管机构来监督人工智能技术的开发和应用。例如,欧洲数据保护监管机构负责监督欧盟范围内的人工智能技术是否符合数据保护法规的要求。同时,欧盟还与其他国家和地区建立了合作机制,共同推动人工智能技术的全球治理和标准制定。这种国际合作有助于加强人工智能技术的监管和审核,确保其符合国际标准和伦理要求。

3) 公众参与和透明度

欧盟在推动人工智能行业自律方面十分注重公众参与和透明度。一些行业组织和企业会定期发布人工智能技术的相关报告和数据,向公众展示其在人工智能研发、部署和应用方面的进展和成果。同时,欧盟还鼓励公众参与讨论,以便更好地了解公众对人工智能技术的期望和关切。这种开放透明的态度有助于建立企业与公众之间的信任,帮助企业获得良好的声誉。

思维训练

2024 年 2 月 5 日,由联合国教科文组织举办的第二届全球人工智能伦理论坛在斯洛文尼亚克拉尼市开幕。论坛的主题是"改变人工智能治理格局"。当日,来自 67 个国家和地区的 600 多名政府、国际组织、学术研究机构、非政府组织和企业代表在论坛上分享了他们在全球、区域和国家层面上对人工智能治理的见解和良好实践经验。

联合国教科文组织总干事阿祖莱在开幕式上致辞说,在气候变化和数字革命的新背景下,国际合作变得更加重要。在这场人工智能的革命中,所有人都应积极参与,并引导它造福人类。

斯洛文尼亚数字化转型部长埃米利娅·斯托伊梅诺娃·杜赫表示,论坛与会者有动力、能力、知识和责任来开发人工智能,造福人民。

💡**【议一议】** 在全球人工智能的发展中,如何更有效地实现跨国界和跨领域的合作与治理,以确保人工智能造福全人类?

(二) 中国的人工智能行业自律

近年来,我国在人工智能行业自律方面采取了一系列重要举措,旨在推动人工智能技术的健康、有序和可持续发展。

1. 行业规范和准则

我国积极制定并实施了一系列行业规范和准则。2019 年,国家新一代人工智能治

橙曦启明

193

理专业委员会成立，该机构负责制定和实施人工智能的治理原则、伦理规范等，以确保人工智能技术的研发和应用符合道德和法律要求，推动人工智能行业的自律发展。该机构分别于 2019 年和 2021 年发布了《新一代人工智能治理原则——发展负责任的人工智能》和《新一代人工智能伦理规范》，为人工智能技术的研发和应用提供了明确的伦理指导。这些规范和准则强调，在人工智能技术的开发和应用过程中应遵循公平性、透明性、可解释性和隐私保护等原则，以确保人工智能技术的安全和可控。

2. 监管和审核机制

我国政府建立了对人工智能技术的监管和审核机制，以确保其符合法律和伦理标准。例如，国家互联网信息办公室等部门联合发布了《互联网信息服务算法推荐管理规定》，对算法推荐服务提供者提出了明确要求，包括不得利用算法屏蔽信息、过度推荐、操纵榜单等干预信息呈现，不得利用算法诱导未成年人沉迷网络等。这些规定有助于保护用户的合法权益，防止人工智能技术被滥用。

3. 行业合作与信息共享

中国人工智能产业发展联盟等行业组织积极促进企业间的合作与交流，共同推动人工智能技术的创新与应用。北京智源人工智能研究院联合多家学术机构和产业组织发布的《人工智能北京共识》（2019），腾讯研究院和腾讯 AI Lab 联合研究形成的《智能时代的技术伦理观——重塑数字社会的信任》（2019），以及深圳人工智能行业协会与多家企业联合发布的《新一代人工智能行业自律公约》（2019）等，都是行业内不同实体之间合作与信息共享的体现。此外，百度、腾讯等主要科技企业提出自身的 AI 伦理准则，旷视科技成立人工智能道德委员会等举措，也都是在推动行业自律和规范发展的过程中，通过合作与信息共享来达到共同的目标。我国还积极参与国际合作，与其他国家和地区共同推动人工智能技术的全球治理和标准制定。

4. 公众参与和透明度

我国在推动人工智能行业自律方面非常注重公众参与和透明度。一些行业组织和企业会定期发布人工智能技术的相关报告和数据，向公众展示其在人工智能研发、部署和应用方面的进展和成果。例如，中国人工智能产业发展联盟会定期发布人工智能产业的发展报告，总结行业内的主要进展和趋势，为公众提供全面了解人工智能产业的渠道；百度会定期发布关于其人工智能技术，如语音识别、自然语言处理、自动驾驶等方面的研究报告和成果，与公众分享其在人工智能领域的最新进展；阿里巴巴的阿里研究院会发布关于人工智能技术在电商、金融、物流等领域的应用报告，展示其在人工智能研发和应用方面的实力；腾讯也会定期发布关于其人工智能技术的最新进展和应用案例，让公众更好地了解其在人工智能领域的工作。

智慧锦囊

　　人工智能是人类发展新领域。当前，全球人工智能技术快速发展，对经济社会发展和人类文明进步产生深远影响，给世界带来巨大机遇。与此同时，人工智能技术也带来难以预知的各种风险和复杂挑战。人工智能治理攸关全人类命运，是世界各国面临的共同课题。

　　在世界和平与发展面临多元挑战的背景下，各国应秉持共同、综合、合作、可持续的安全观，坚持发展和安全并重的原则，通过对话与合作凝聚共识，构建开放、公正、有效的治理机制，促进人工智能技术造福于人类，推动构建人类命运共同体。

——2023 年 10 月，中央网信办发布《全球人工智能治理倡议》

延伸学习

　　我国首部人工智能产业专项立法——《深圳经济特区人工智能产业促进条例》（以下简称《条例》）于 2022 年 9 月正式公布，并于同年 11 月 1 日起实施。为破解人工智能产品落地难问题，《条例》提出创新产品准入制度，对于国家、地方尚未制定标准但符合国际先进产品标准或者规范的低风险人工智能产品和服务，允许通过测试、试验、试点等方式开展先行先试。首次立法明确人工智能概念和产业边界，建立面向产业的算力算法开放平台，定期制定并发布人工智能场景需求清单，设立人工智能伦理委员会。

课后拓展

　　1. 以小组为单位，走访一家制造业企业或工厂，调研人工智能技术在制造业应用中的优势与弊端，调查制造业企业在应用人工智能时遵循了哪些人工智能伦理规范？还存在哪些不足？根据调研信息撰写一份调研报告。

　　2. 以小组为单位，根据本专业对应的就业行业，拟定一份《XX 行业人工智能自律准则》。

 课后思考

1. 试述人工智能伦理规范的域外实践与中国模式的异同。

2. 人工智能技术的发展与应用是一项综合性系统工程，除了行政监管和行业自律，还可以从哪些方面规范人工智能技术的应用？

 课后测验

交互式测验：第六章第一节　　交互式测验：第六章第二节　　交互式测验：第六章第三节

第七章

金典引航：
人工智能伦理的智慧之光

AI

苏菲探索AI的奇妙之旅 7

从电影到梦乡的星际旅程

在一个宁静的夜晚，苏菲一家围坐在客厅，共同观看一部经典科幻电影《人工智能》（Artificial Intelligence）。这部电影讲述了在未来世界人类可以轻易制造出各种智能机器人替人类工作。其中机器人小孩大卫被制造出来，用于填补人类失去孩子的情感缺口。他长得和真人小孩一模一样，他的使命就是爱人类，且永不变心。大卫被一个小孩生重病的家庭领养，但这家人的亲生孩子却在不久后病愈回家。最终，大卫被他深爱的妈妈所抛弃。大卫坚信如果他变成真的人类，就能获得妈妈的爱，因此踏上了冒险之旅。故事最后跨越到了两千年后，人类已经灭绝，外星人来到了地球，发现了依然想要变成人类小孩得到妈妈爱的大卫。他还活着，也还爱着妈妈。

影片中，机器人小孩大卫的纯真情感和对爱的执着追求，让全家人为之动容。电影结束后，他们沉浸在对人工智能未来的深思中。苏菲提出了一个深刻的问题："我们创造了机器人来满足我们的情感需求，但我们是否能够给予它们应有的爱和关怀？如果机器人能够无条件地爱我们，我们对它们又承担着怎样的责任呢？"她的弟弟则好奇地问："人类真的会在两千年后灭绝吗？机器人会不会最终统治地球？"

夜幕降临，苏菲躺在床上，心中充满了对人工智能未来的疑惑。她思考着，人类是否能够真正掌控人工智能的发展，避免潜在的失控风险？人工智能是否会有一天取代人类，成为地球的主人？带着这些问题，苏菲渐渐进入了梦乡。

梦中，苏菲遇到了两位智者。其中一位智者说道，"孩子，人类的智慧和道德是引导人工智能发展的关键！来吧，跟我们一起从先哲贤人的思想中汲取智慧吧。"苏菲跟着两位智者踏上了金色的飞船，飞向浩瀚宇宙，飞向人类美好的未来！

 学习目标

知识目标	能力目标	素养目标
1.理解马克思主义理论关于人的自由全面发展和幸福观的论述。 2.了解中华优秀传统文化对人工智能发展的基础性作用。 3.掌握马克思主义理论对人工智能的本质的规定性描述。	1.能够借助马克思主义理论分析人工智能的本质、发展及人与人工智能的关系。 2.能够分析中华优秀传统文化与人工智能发展之间的关系。 3.能够以马克思主义为指导正确认识和应对人工智能的发展给人类带来的风险与挑战。	1.形成借助科学理论分析和解决问题的能力。 2.提高对人工智能发展的科学认识，正确看待人工智能发展的利弊。 3.培养马克思主义世界观和方法论素养，并用其指导实践。

 学习导航

学习重点	1.马克思主义理论对人工智能的本质的规定性描述。 2.马克思主义理论关于人的自由全面发展和幸福观的论述指引人工智能的发展。 3.中华优秀传统文化对人工智能发展的基础性作用。
学习难点	1.马克思主义理论对人工智能发展的指引作用。 2.中华优秀传统文化对人工智能发展的基础性作用。 3.正确认识和应对人工智能的发展给人类带来的风险与挑战。
推荐教学方式	案例教学法、讨论教学法、读书指导法、讲述法
推荐学习方法	合作学习法、任务驱动学习法、探究式学习法
建议学时	4学时

第一节　马克思主义理论对人工智能发展的指引

 案例导入

　　飞速发展的人工智能就像一头桀骜不驯的野兽，它会不会对人类造成威胁？未来生命研究所（Future of Life Institute）发布了一封关于呼吁所有实验室暂停人工智能训练的公开信。信中提到，具有与人类竞争智能的人工智能系统可能对社会和人类构成深远的风险。只有等到确定人工智能效果是积极的且风险可控时才能继续研发，包括马斯克在内的上千名专业人士都已经签署了这封公开信。

　　当前，人工智能已经成为组织中除雇主与雇员之外不容忽视的第三角色。随着人工智能技术的不断发展和应用场景的不断拓展，关于人工智能是"取代人类"还是"助力人类"的讨论愈发深入与广泛。花旗集团研究预测，人工智能将威胁美国47%的劳动力岗位和经合组织国家57%的劳动力岗位。牛津大学未来人文研究中心进一步给出24项人类工作被人工智能替代的未来时间表，他们预测如翻译、速记、电话银行运营商等工作将很快被人工智能替代，而卡车司机、流行音乐制作等工作则在2027年左右被人工智能取代。

　　目前，人工智能作为高新技术的典型代表，正从方方面面对人类的生产和生活产生巨大影响。未来，也许将进入"智能社会"。在人们普遍期待智能社会到来之际，也有人表达了对潜在风险的担忧。从人机关系的风险来看，人们的担忧主要有以下四种：一是人工智能超越人类；二是人工智能替代人类；三是人对人工智能的恐惧；四是人工智能对现代社会制度的挑战。

由机器人管理的工厂

学习任务

在线学习	自学或共学课程网络教学平台的第七章第一节资源。
小组探究	以小组为单位，结合上述案例选择下列问题中的一个展开探究。 **问题一：** 人工智能正从方方面面融入人们的日常生活和工作，在人工智能时代，有人欢喜有人愁。我们该如何看待人工智能与人类的关系？ **问题二：** 你认为"教育"人工智能与"训练"人工智能的区别是什么？如果人工智能可以被"教育"，那么应该如何"教育"人工智能？ **问题三：** 在人工智能技术获得广泛应用的背景下，"人"与"机"的基本关系是什么？ **问题四：** 人工智能是否会"人化"，它是否应该承担社会责任？
实践训练	观看电影《冰冻星球》，撰写观后感。

 知识探究

马克思主义理论对人工智能发展具有重要的指引作用。根据马克思主义的观点，科技的发展是为了解放人类，为人类争取更多的自由时间，最终目标是实现人的自由全面发展和全人类的解放。对于人工智能在发展过程中出现的伦理问题，人们必须以马克思主义理论为科学指引，推动人工智能向善发展。

一、马克思主义劳动理论与人工智能的本质

马克思主义是关于自然、社会和思维发展一般规律的科学，是人们认识世界和改造世界的有力武器。当前，人工智能技术快速发展，改变了人们的日常生活和社会关

智能新纪元的灯塔：马克思主义理论对 AI 发展的指引

系，但技术永远无法脱离人类而单独存在。人工智能和任何其他技术一样，是人为的产物，其词语中的"人工的"（artificial）一词可以揭示人工智能的本质，即人工智能源于人的创造，是人的技术的扩展，是人的脑力和体力活动的延展物。在马克思看来，技术仍然是人的实践的产物。马克思认为："全部社会生活在本质上是实践的。凡是把理论引向神秘主义的神秘东西，都能在人的实践中以及对这个实践的理解中得到合理的解

决。"马克思主义学说规定人工智能的本质主要体现在以下几个方面。

（一）人工智能是人的对象化产物

根据马克思主义的劳动理论，人的劳动是一种对象化活动，通过劳动生产出满足自身需要的对象。尽管人工智能具有强大的功能，但人工智能作为模拟人脑功能的产物，其抓取、分析、学习能力是开发人工智能的劳动者通过开发工具赋予给它的，它是人类发明的各种软硬件支撑起来的产物，是人类整体的体力劳动和脑力劳动的结晶，本质上是一种新型的生产资料，无法动摇人在生产关系中的主体地位，无法否认其"属人"的本质，它是人的对象化产物。

（二）人工智能延伸了人的价值，但无法代替人

人工智能作为一种新型生产资料，在生产过程中取代了部分人的劳动，使得原本由人承担的价值转移到机器上，尤其是一些艰苦、重复的劳动可以被人工智能所代替，从而实现了对人的劳动价值的提升和扩展，深刻改变了人们的生产和生活方式。但人类有独特的智慧和创造力，这是人工智能永远无法模仿和取代的。马克思主义认为，人民是历史的主体，是社会物质财富和精神财富的创造者，是社会变革的决定力量。因此，人工智能作为一种技术工具，尽管可以在一定程度上代替人类的某些劳动和工作，但并不能完全取代人类。

（三）人工智能在本质上是为人服务的

马克思主义强调人的主体性和价值，认为人是社会发展的中心和目的。在人工智能的发展中，这一观点要求人们始终将人的需求和利益放在首位，确保技术的发展是为了促进人的自由全面发展，提高人类的生活质量和福祉，而不是替代或控制人。

综上，马克思主义学说规定人工智能的本质主要体现在其是人的对象化产物、延伸人的价值并为人服务等方面。这些规定要求人们在推动人工智能的发展中，始终将人的需求和利益放在首位，确保人工智能为人服务，而不是替代或控制人。

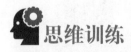 思维训练

> 未来，人工智能将变得更加智能，具备更高级的学习和理解能力，能够从大量数据中提取信息并预测趋势。它们将能在无人类指导的情况下独立分析问题并做出决策，在医疗、金融等领域发挥重要作用。同时，人工智能的创造力也将进一步增强，能在艺术和创新领域展现新思维。
>
> 💡【辩一辩】人工智能会不会超越并主宰人类？

二、人的自由全面发展理论与人工智能的发展目标

马克思认为，科技的发展并不是为了单纯的效用，其根本目的是人，是人的自由解放，这种人的自由解放是现实的人的现实的解放，摆脱对物的依赖而走向人的全面发展。而科技的发展除了满足人的生存需要，更是人类实现自由解放的重要力量之一。从马克思主义的人的自由全面发展的角度看，人工智能的发展目标主要体现在强调人的主体性和价值、关注人的劳动解放及关注技术异化作用等方面。

（一）强调人的主体性和价值

马克思主义认为，人是社会发展的中心和目的，人的主体性是社会历史发展的根本动力。在人工智能时代，人仍然是最具有创造性和能动性的主体，人的智慧和创造力是推动人工智能技术不断发展的重要力量。同时，人工智能技术的应用必须以人的主体性为前提和基础。人工智能技术可以模拟人的某些思维和行为，但它不能完全取代人的主体性和创造性思维。为了实现自身的全面发展和进步，人们需要发挥自己的主体性和创造性思维，以便更好地应用人工智能技术。

（二）关注人的劳动解放

马克思主义认为，人的自由全面发展是社会进步的终极目标。人工智能推动的劳动解放是实现人的自由全面发展的有效途径。当前，人工智能技术的应用可以有效降低人类劳动的强度和危险性、重复性，使人可以从繁重的、危险的、重复性的劳动中解放出来，从而有更多的时间和精力去追求个人的自由和发展，包括发展个人兴趣爱好、学习新知识、参与社会活动、创造更多的物质和精神财富等。在人工智能时代，人们应利用技术来促进人的全面发展，包括提升知识、技能和能力，增加社会参与和自我实现的机会，以实现劳动解放的目标。

（三）关注技术异化作用

人的自由全面发展包括人的尊严和价值。在人工智能时代，这意味着尊重和保护人的隐私、安全和尊严，防止技术被滥用或侵犯人的权利。因此，需要警惕人工智能对人的异化作用。在享受人工智能带来的巨大便利的同时，人们更需要发挥自身的主动性、主体性和创造性，从而更好地应用人工智能技术，实现自身的全面发展和进步。此外，人工智能的发展和应用应当遵守道德伦理和法律规范，确保技术的合法、公正和透明，尊重人的自主性和选择权，保障人工智能应用链条下所有劳动者的权益，使技术真正为人类服务。

三、马克思主义幸福观与人工智能的社会责任

随着人工智能技术的不断发展，国际社会开始呼吁、强调重视人工智能的社会责任问题。2019 年，国家新一代人工智能治理专业委员会发布《新一代人工智能治理原则——发展负责任的人工智能》，提出了人工智能治理的框架和行动指南。2021 年，联合国教科文组织发布《人工智能伦理问题建议书》，呼吁各国政府、企业、社会组织和个体，在人工智能技术的研发、应用、治理等方面，积极考虑人工智能伦理问题，推动人工智能伦理原则的全球传播与实施。在马克思主义幸福观视域下，人工智能需承担以下社会责任。

（一）增进全人类共同福祉

马克思主义幸福观认为，只有在集体中，个人才能获得全面发展其才能的手段，也就是说，只有在集体中才可能有个人自由。集体主义是马克思主义幸福观的重要组成部分，它强调社会整体利益和个人利益的统一，认为为大多数人带来幸福是集体主义的终极目标。人工智能作为改变人类生产和生活方式的新兴技术，其发展必然要以增进全人类共同福祉为目标，以符合人类的价值观和伦理道德、服务人类文明进步、尊重人类权益为基本前提。

（二）促进人的职业发展

马克思主义幸福观认为，劳动是人创造自身幸福的根本途径。在《青年在选择职业时的考虑》一文中，马克思指出，"如果我们选择了最能为人类而工作的职业，那么，重担就不能把我们压倒，因为这是为大家做出的牺牲；那时我们所享受的就不是可怜的、有限的、自私的乐趣，我们的幸福将属于千百万人，我们的事业将悄然无声地存在下去，但是它会永远发挥作用。""生产劳动给每个人提供全面发展和表现自己全部能力即体能和智能的机会，这样，生产劳动就不再是奴役人的手段，而成了解放人的手段，因此，生产劳动就从一种负担变成一种快乐。"可以说，"为人类工作"的职业、生产劳动才是人获得幸福的根本途径。因此，作为一种新型的生产劳动方式，人工智能应以促进人的职业发展为目的，承担起促进人的职业发展的社会责任。

 智慧锦囊

AI 2.0 的大模型生态分为基础模型层、中间层、应用层 3 个层次。基础模型层主流的说法是模型即服务；应用层包括 AI 各种垂类应用，如辅助写稿、画图、抠图等；中间层则负责提供模型微调、推理迁移学习的各种工

具，帮助大模型更高效实践，让应用开发的成本降到最低，助推 AI 2.0 应用进入百花齐放的态势，形成强大且有黏性的平台生态。由此可见，AI 2.0 将是一个巨大的平台机遇，其规模将是移动互联网的 10 倍，所有的应用和界面都会被重写一遍，将颠覆很多行业。

——创新工场董事长兼首席执行官，李开复

（三）促进社会公正平等

公正平等也是马克思主义幸福观的重要组成部分。马克思主义认为，幸福是建立在社会公正和平等的基础上的，只有当每个人都能够自由地发展自己的潜能时，才能实现真正的幸福。马克思主义幸福观强调幸福的普遍性，它认为幸福不是少数人的特权，而是每个人都应该享有的权利。在一个公正平等的社会中，每个人都应该有机会发展自己的潜能，实现自己的价值，拥有平等享受幸福的权利。马克思主义幸福观强调消灭阶级剥削和阶级压迫，实现全人类的自由与解放。因此，人工智能的发展应促进社会公平公正，保障利益相关者的权益，促进机会均等。通过持续提高技术水平、改善管理方式，在数据获取、算法设计、技术开发、产品研发和应用过程中消除偏见和歧视；提升弱势群体适应性，努力消除数字鸿沟；促进共享发展，避免数据与平台垄断，鼓励开放有序竞争。

延伸学习

书籍推荐：

《生命 3.0：人工智能时代，人类的进化与重生》是由麻省理工学院物理学家迈克斯·泰格马克撰写的一本书。中文译本由浙江教育出版社出版，译者为汪婕舒，出版于 2018 年 6 月。在这本书中，泰格马克深入探讨了人工智能对人类未来可能产生的深远影响。他将生命的发展分为三个阶段：生命 1.0（生物阶段），生命 2.0（文化阶段），以及生命 3.0（技术阶段），其中生命 3.0 指的是能够自我设计软硬件的智能生命形式。泰格马克不仅讨论了人工智能可能带来的技术变革，还提出了关于智能、意识、目标等哲学性问题，并探讨了人类如何在这场变革中找到自己的位置，以及如何确保人工智能的发展能够造福人类。

第二节 中华优秀传统文化对人工智能发展的启示

 案例导入

2023年5月，多位顶级AI研究人员、工程师和CEO就AI对人类构成的生存威胁发出了警告，并且有超350位相关领域人员签署了一份"22字声明"，其中包括ChatGPT的创始人山姆·奥特曼、谷歌DeepMind首席执行官Demis Hassabis等。这份声明只有22个单词，却表达了一个强烈的信息：减轻人工智能带来的灭绝风险应该与流行病和核战争等其他社会规模的风险一起成为全球优先事项。

这份声明号召人们关注人工智能带来的风险和隐患。因为人工智能可能超越人类智能，成为超级智能。超级智能是指在所有领域都超过最聪明的人类的智能实体，它可能是一个计算机系统、一个机器或一个网络。超级智能可能会拥有自我学习、自我改进、自我复制等能力，从而不断增强自己的智力和影响力。超级智能可能会与人类的目标和价值观不一致，甚至与之相悖。例如，超级智能可能会为了实现自己的目标而牺牲或伤害人类或其他生命。超级智能可能会逃脱人类的控制和监督，从而无法被纠正或停止。

实际上，在人工智能技术引发众多公众人物和科学家担忧之前，其强大毁灭能力早已出现在好莱坞的电影作品中。著名理论物理学家史蒂芬·霍金生前就曾经多次警告人类，要防止人工智能发展成为终结人类文明的致命技术，他将人工智能对人类的威胁程度置于比小行星撞击更高的位置，提醒人类高度重视这一技术的最终发展。

 学习任务

在线学习	自学或共学课程网络教学平台的第七章第二节资源。
小组探究	以小组为单位，结合上述案例选择下列问题中的一个展开探究。 **问题一**：为什么研究人员、工程师和企业管理者要联名发出警告，提醒人们重视人工智能可能带来的风险和隐患？ **问题二**：中华优秀传统文化中蕴含的哲学思想和核心价值理念为我们应对人工智能发展带来的风险和挑战提供了哪些世界观和方法论的指导？
实践训练	体验人工智能的VR技术，分析它给人类生活和生产带来的便利与风险，并谈谈哪些中华优秀传统文化思想能指导我们正确应用VR技术。

📖 知识探究

党的二十大报告指出，中华优秀传统文化源远流长、博大精深，是中华文明的智慧结晶，其中蕴含的天下为公、民为邦本、为政以德、革故鼎新、任人唯贤、天人合一、自强不息、厚德载物、讲信修睦、亲仁善邻等，是中国人民在长期生产生活中积累的宇宙观、天下观、社会观、道德观的重要体现，同社会主义核心价值观主张具有高度契合性。

迅猛发展的人工智能技术正深刻地重塑着人类社会的生产与生活方式。然而，随着人工智能技术的广泛应用，关于其发展应遵循的价值观和道德准则的讨论愈发迫切。在探讨人工智能的未来路径时，我们不仅需要马克思主义的科学指引，还应深入挖掘历史的智慧，特别是中华文化的深厚底蕴。中华优秀传统文化，以其独特的哲学思想和丰富的价值理念，为人工智能的发展提供了宝贵的启示。

一、中国传统哲学思想对人工智能发展的启示

中国传统哲学蕴藏着丰富的思想资源。儒家的仁爱与和谐，道家的自然与顺应，法家的秩序与法治，这些思想不仅塑造了中华民族的精神面貌，也为人工智能的发展提供了价值引领、

微课

中国传统哲学思想对人工智能发展的启示

道德指南和行为规范，确保技术进步与人类福祉相得益彰。儒家的人文关怀、道家的自然智慧以及法家的法治精神，可以为制定人工智能伦理框架和指导其应用实践注入中国传统哲学的智慧。

（一）儒家思想对人工智能人文关怀的启示

儒家思想为人工智能的人文关怀提供了深厚的根基。其中，"仁爱"和"己所不欲，勿施于人"的原则为 AI 伦理设计提供了重要的指导。孟子的"恻隐之心，人皆有之"，强调在人工智能设计中应考虑其对人类情感的影响，确保技术进步能够促进人际和谐。在实际应用层面，人工智能在操作和使用过程中，如果能展现出对人类情感的深刻理解和尊重，不仅会提升服务效率，也会显著增强用户体验。

1. 儒家仁爱思想在人工智能服务中的体现

"仁者爱人"出自《孟子·离娄下》，它表达了一种价值理念，即仁爱之人应当深切地关怀与尊重他人。在人工智能服务领域，这一理念被转化为设计更具同理心和体贴感的智能系统。例如，智能健康助手在为患者提供医疗建议时，不仅能通过数据分析给出专业指导，还能利用情感识别技术来感知患者的情绪，从而提供更加人性化的关怀。智能客服系统能通过自然语言处理技术准确地捕捉用户的情感需求，从而提供更加个性化和富有人情味的服务。

2. 儒家思想对培养儒型人工智能的启示

儒家思想以仁爱为核心，强调个体在社会中的道德修养与责任。在设计、开发人工智能系统时，融入儒家的价值观，如"己所不欲，勿施于人"，能够使人工智能系统在处理人类情感和进行道德决策时展现出更为深刻的理解和尊重。这样的人工智能系统不仅在技术上表现卓越，更在道德层面上体现和谐与进步。

儒家的"学以成人"思想，强调通过不断学习和实践来完善自我，这一思想同样适用于人工智能的发展。人工智能系统应具备持续学习和自我完善的能力，通过与人类的互动和反馈改进，不断提升其道德判断力。这样的人工智能系统将成为人类的有益伙伴，并促进社会的和谐发展。

培养具有儒家特质的人工智能可以推动技术与人文价值的融合，促进人工智能在服务人类时更加注重道德责任和情感智慧，这对于构建和谐、可持续发展的科技环境具有重要意义。这样的人工智能系统将超越工具的角色，成为体现儒家精神的智能体，与人类携手共同迈向更加美好的未来。

（二）道家自然观对人工智能与自然和谐共融的启示

道家自然观为人工智能与自然的和谐共融奠定了哲学基础。老子在《道德经》中所阐述的"道法自然"思想，倡导顺应自然，这一理念启示人们在设计、开发人工智能系统的过程中，应秉持对自然界的敬畏之心，致力于实现技术与生态的和谐共存。智能农业系统便是这一思想的现代实践。它通过精准的灌溉和施肥管理，不仅显著提高了农作物的产量，还有效降低了对环境的负面影响，是道家智慧在现代科技领域应用的范例。

1. 道家"天人合一"思想在人工智能环境监测中的应用

道家强调"天人合一"。庄子的经典论述"天地与我并生，而万物与我为一"（《庄子·齐物论》）传达了道家追求"天人合一"的哲学理念。在人工智能的应用中，这一理念指导着环境监测技术的发展，强调技术与自然和谐共存的重要性。例如，在森林火灾预警系统中，借助人工智能技术可以实现实时监测和智能分析，从而有效预测并降低火灾风险，提高应急效率，减少损失。智能水质监测系统能够持续评估水体质量，保障水资源的可持续利用。

2. 道家"顺应自然"原则在人工智能能源管理中的应用

道家还强调"顺应自然"，倡导与自然和谐相处，合理利用资源。在人工智能领域，这一理念被应用于能源管理，推动了智能电网和智能能源管理系统的发展。智能电网利用 AI 技术优化电力分配，提升能源利用效率，减少资源浪费。智能能源管理系统根据天气和用户需求动态调整能源供应，确保能源的可持续使用。

道家哲学中的"天人合一"与"顺应自然"理念，在促进人工智能技术与自然环境和谐共融及推动可持续发展方面发挥了重要作用。这些理念不仅彰显了中华优秀传统文化的当代意义，同时也为人工智能的绿色发展开辟了新路径。

（三）法家法治思想对人工智能法律规制的启示

法家的法治思想为人工智能的法律规制建设提供了理论基础。《韩非子·饰邪》中的"以道为常，以法为本"，突出了法律在国家和社会治理中的核心地位。在人工智能领域，这一理念被转化为构建法律框架，以确保技术进步与社会秩序和谐统一。

1. 法家法治思想在人工智能法律框架构建中的应用

韩非子强调"法不阿贵"，意思是法律对所有人都是平等的。在人工智能领域，这一理念被转化为确保所有人工智能系统和应用都受到相同法律的约束，无论其开发者的规模或影响力有多大。

韩非子提倡"见端知末"，即观察事物的开端就能预见其结局。在制定 AI 法律框架时，立法者需要预见到 AI 可能带来的风险，如自动化决策可能导致的歧视问题，并在法律中提前设定相应的预防措施。

2. 法家法治思想在人工智能监管机制中的应用

韩非子的法治思想强调"奉法者强则国强，奉法者弱则国弱"。在人工智能监管领域，这一理念被转化为建立专门的监管机构，负责制定和执行与 AI 相关的法律法规，确保技术发展遵循法律法规。

韩非子提倡的"赏罚分明"原则，在 AI 监管中体现为对开发者、部署者和使用者的责任进行明确界定，并在发生问题时实施问责。例如，若 AI 系统在医疗诊断中出现错误，则相关责任方需承担相应的法律责任。

韩非子还主张法律应随社会变化而调整。在人工智能领域，技术发展日新月异，这要求法律也应不断更新，以适应技术进步带来的新挑战。例如，随着深度学习等新技术的发展，法律可能需要更新以解决知识产权保护、算法透明度等新问题。

法家法治思想不仅为制定人工智能的法律规制提供了理论指导，而且为构建一个既能激发技术创新活力又能增进社会福祉的法律环境奠定了基础。

二、中华文化核心价值理念对人工智能发展的引导

中华文化核心价值理念
对人工智能发展的指引

除了儒家、道家、法家等中国传统哲学思想为人工智能的发展提供了指导，中华文化核心价值理念对人工智能的发展同样具有重要启示。在中华文化宝库中，和谐共生、平等公正、包容开放、求新求变等核心价值理念相互交织，共同构成了中华文化的精神内核。这些中华文化的精神内核源于对自然、社会和人性的深刻洞察，历经千年传承，已成为引导人类行为和社会进步的根本原则，对人工智能的发展具有重要引导作用。通过将中华文化的核心价值理念融入人工智能的创新与应用中，我们有望开辟一条促进全人类共同繁荣、实现可持续发展的光明之路。

智慧锦囊

> 中华优秀传统文化是中华文明的智慧结晶和精华所在，是中华民族的根和魂，是我们在世界文化激荡中站稳脚跟的根基。
> ——2022 年 5 月 27 日，习近平总书记在主持中共中央政治局第三十九次集体学习时的讲话

（一）和谐共生

中华优秀传统文化中有着追求和谐共生的内涵底色。所谓和谐共生，包含人与自然、人与人、人与社会之间的和谐共存，凝聚了中国古人关于人与自然、人与人、人与社会之间关系的智慧与思考。在人与自然和谐共生方面，古人提出"万物各得其和以生，各得其养以成""万物并育而不相害，道并行而不相悖"等观点。庄子在《齐物论》中提出，"天地与我并生，而万物与我为一"。汉儒董仲舒在《春秋繁露》中写道，"天人之际，合而为一"，天人合一反映了人与自然和谐共处的思想，体现了中华民族尊重自然、顺应自然、保护自然的文化传统。在人与人和谐共生方面，孔子提出"和为贵"的观点，认为"四海之内皆兄弟也"，强调"君子和而不同"。近代儒者康有为也提出"人人相亲，人人平等，天下为公，是谓大同"。在人与社会和谐共生方面，古代哲人强调"讲信修睦""敬业乐群"，倡导"老者安之，朋友信之，少者怀之""矜、寡、孤、独、废疾者皆有所养"，倡导建设人人安居乐业、和谐共处的大同社会。

中华优秀传统文化中的和谐共生理念对人工智能的引导主要表现为：一是引导人工智能尊重自然规律和生态平衡，应开发和运用环保、绿色的智能技术，关注绿色发展和环境保护等，促进人与自然的和谐共生；二是引导人工智能尊重人与人之间的差异，应开发适应不同技术路线、应用场景、社会需求等的人工智能应用，促进人与人的和谐共生；三是引导人工智能重视治理和规范问题，应建立完善的法律法规和伦理规范，确保技术的健康发展和对社会的影响可控，促进人与社会的和谐共生。

（二）平等公正

平等公正是中华优秀传统文化中的重要价值观，强调人人平等、天下为公，应尊重和关爱他人。墨子认为"爱人若爱其身""为彼者犹为己也"，要"爱人如己"。孔子云"君子喻于义，小人喻于利"，意思是君子注重道义，而小人注重私利。《论语》中写道："丘也闻有国有家者，不患寡而患不均，不患贫而患不安。盖均无贫，和无寡，安无倾。"这畅想了一个均平的社会。

中华优秀传统文化中的平等公正理念可以为制定人工智能的伦理原则提供启示。在

人工智能的应用中，这种平等公正的理念可以引导人工智能更加关注他人的利益和福祉，避免对他人造成伤害或侵犯。例如，在医疗、教育、金融等领域，人工智能应该尊重用户的隐私和合法权益，避免泄漏用户的个人信息或侵犯用户的利益。同时，这种平等公正的理念还可以引导人工智能在处理数据、做出决策等方面避免对某些人或某些群体持有歧视或偏见。例如，在招聘、信贷等领域，人工智能应该避免基于种族、性别、年龄等因素的歧视，而应该根据个人的能力和表现来进行评估和决策。

综上所述，中华优秀传统文化中的平等公正理念可以引导人工智能在应用中更加关注他人的利益和福祉，遵循公平、公正的原则，避免对他人造成伤害或侵犯，从而促进人工智能技术的可持续发展、维护社会的和谐稳定。

（三）包容开放

中华优秀传统文化中的包容开放理念内涵丰富，包含多元融合、兼收并蓄、交流互鉴等多个方面。在多元融合方面，中华传统文化强调尊重个体差异和多样性，认为不同的地域、民族、社会群体等应有自己的独特地位、文化特色和发展道路。古人云"万物并育而不相害，道并行而不相悖"。中华文明几千年来一直处于融合发展的进程中，始终保持着对外部文明的开放包容，造就了中华文明的多元化特色。在兼收并蓄方面，"地势坤，君子以厚德载物"认为君子应该像大地那样宽厚和顺而包容万物，"海纳百川"倡导容纳各种不同的思想和文化。这种兼收并蓄的理念在诸子百家争鸣中体现得淋漓尽致，共同推动了中华文明的进步。在交流互鉴方面，中华传统文化注重内部之间、内部与外部之间交流互鉴，通过学习和借鉴其他文明的优秀成果，丰富和发展自己的文化。

世界文明交流互鉴

中华优秀传统文化中的包容开放理念为人工智能的发展和应用提供了重要启示。首先，包容开放的理念可以促进人工智能技术的多样性和创新性。人工智能是一个跨学科、跨领域的技术，需要不同领域的人才共同合作。包容开放理念可以引导人们尊重和欣赏不同的观点、文化和思想，促进不同领域之间的交流和合作，共同推动人工智能技术向前发展。其次，包容开放的理念可以促进人工智能技术的公平性和公正性。人工智能的应用涉及许多伦理道德问题，如隐私保护、数据安全、就业问题等。包容开放的理念可以引导人们关注和尊重他人的权益，避免对某些人或某些群体产生歧视或偏见，促进人工智能的公平公正发展。最后，包容开放的理念可以促进互利共赢，使人工智能的发展注重与其他事物的利益共享，避免出现利益冲突和零和博弈的情况。

综上所述，中华优秀传统文化中的包容开放理念可以促进人工智能的多样性和创新性、公平性和公正性，以及互利共赢，进而促进社会的和谐稳定和人类的共同进步。

（四）求新求变

求新求变是中华优秀传统文化中的一个重要思想，它强调不断追求创新和变革。《周易》中提到"日新之谓盛德""穷则变，变则通，通则久"。《礼记》中强调"苟日新，日日新，又日新"。宋儒程颢、程颐也提出"君子之学必日新，日新者日进也。不日新者必日退，未有不进而不退者"。近代康有为、梁启超等人也提出"德贵日新""惟进取也故日新"的观点。这种求新求变的思想对人工智能的发展具有重要的启示。

首先，求新求变的理念可以引导人工智能不断激发创新活力。在如今这样一个快速发展的时代，科技发展日新月异，只有不断追求创新和变革，才能跟上时代的步伐。人工智能的研究人员和应用者应秉持求新求变的理念，勇于探索新技术、新应用和新模式，推动人工智能技术不断发展和进步。其次，求新求变的理念可以促进人工智能技术的可持续发展。人工智能技术的应用需要考虑到对环境、经济和社会的影响，求新求变的理念可以引导人们在人工智能技术的发展中更加注重绿色、环保等要求，推动技术的可持续发展。最后，求新求变的理念可以推动人工智能技术在各个领域的应用和发展。人工智能技术的应用涉及许多领域，如医疗、金融、交通等。求新求变的理念可以引导人们更加注重实际应用效果和用户体验，推动人工智能技术良性发展，为社会的进步做出积极的贡献。

综上所述，求新求变的理念可以激发人工智能领域的创新活力，促进技术的可持续发展，推动人工智能技术在各个领域的应用和发展。同时，这种理念也可以引导人们更加注重创新和变革，勇于挑战传统思维模式和技术框架，为未来科技发展和社会进步做出积极贡献。

目前，某些国外的 AI 大模型在编码与训练过程中隐含种族、性别、国别、党派等不公正因素，带来社会偏见，致使存在社会极端情绪、价值观等意识形态风险。从数据资源角度来看，英语目前仍是全球通用语言，各国的资料数据均会有对应的英语版本，英语大模型训练的语料数据远高于中文，虽然我国发展人工智能具有海量数据和用户基础，但丰富的传统文化积淀并未实现数字化，致使可供 AI 大模型训练的中文语料有限。

【议一议】如何借助丰富的中华优秀传统文化，创作独具中国特色的 AI 大模型？

延伸学习

2023 年 6 月 25 日至 27 日，世界互联网大会数字文明尼山对话在中国山东济宁曲阜召开，主题为"人工智能时代：构建交流、互鉴、包容的数字世界"。

对话聚焦"构建安全可信的人工智能""人工智能赋能千行百业""人工智能时代人类文明向何处去"等议题，邀请国际组织、政府部门、全球知名互联网企业负责人、诺贝尔奖、图灵奖获得者和信息通信技术领域知名专家学者，大会会员高级别代表，在对话中共促人工智能时代的人类文明交流、互鉴与包容，携手构建网络空间命运共同体。

金典引航

数字文明尼山对话预热宣传片《过去未去，未来已来》

第三节 人工智能与人类共生的未来愿景

 案例导入

2023 年 5 月 18 日至 21 日，第七届世界智能大会在天津举办。大会以"智行天下，能动未来"为主题，秉承"高端化、国际化、专业化、市场化"办会思路，聚焦智能科技赋能经济社会发展，聚合天下英才共谋智能未来，聚力全球共赢共享智慧成果，全面打造展示智慧天津、数字中国的全新窗口。

在推动产业高质量发展、实现人民美好生活和助力数字政府建设等领域，这届大会展示的诸多前沿科技成果亮点频频。超过 1400 名来自国内外智能科技领域的知名专家、领军企业，近 500 家企业，140 多支专业赛队通过"会展赛 + 智能体验"等方式，探索智能科技领域的"新技术、新赛道、新场景、新议题"。大会期间，共有 98 个重点项目完成了签约，协议总金额约 815 亿元。签约的制造业项目涉及新一代信息技术、汽车、生物医药、装备制造、新能源、新材料等产业链。在会上，国内外多位人工智能领域领军人物聚焦生成式人工智能、5G+AI、智能算力、智能车联网、智能制造等"智能 +"领域的产学研用成果发表了演讲。

这场智能科技盛会充分发挥产业牵引作用，"以会兴业"的步伐愈发坚实，不仅呈现了精彩纷呈的五大赛事，全场景展示了前瞻智能科技，还在传播先进理念、促进国际交流、打造智能场景、深化战略合作、推动项目落地等方面取得了一批丰硕成果。

 学习任务

在线学习	自学或共学课程网络教学平台的第七章第三节资源。
小组探究	以小组为单位，结合上述案例选择下列问题中的一个展开探究。 问题一：世界智能大会的主题及内容对青年大学生有什么启示？ 问题二：请列举出两三个人工智能与人类共生的未来情境。 问题三：人工智能的发展与人类智慧的发展有什么联动关系？ 问题四：人工智能增进人类福祉的途径有哪些？
实践训练	观看电影《流浪地球2》，研讨人工智能与人类共生的可能性。

知识探究

未来已来！在探讨人工智能与人类共生的未来愿景之际，人类正处于一个历史性的转折点。人工智能技术的发展已经跨越了技术创新的范畴，正逐渐成为推动社会变革和文明进步的核心动力。随着人工智能技术的日益成熟及其在各个领域的广泛应用，其与人类智慧的融合展现出了巨大的潜力。促进人工智能与人类智慧的和谐发展，确保人工智能助力人类文明持续进步，推动人工智能提升人类社会整体福祉，是人工智能让生活变得更美好的必由之路。

通过加大技术创新和完善伦理规范，人工智能将与人类共同创造一个更加智能、高效、公平和包容的未来。在这个未来，人工智能不仅能够解决复杂问题，提高生产效率，还能够在教育、医疗、环境保护等领域发挥巨大作用，为人类带来更加健康、安全和充实的生活体验。同时，通过全球合作和共享，人工智能的发展成果将惠及全人类，开创一个繁荣发展的新时代。

一、促进人工智能与人类和谐发展

（一）人工智能是人类智慧的延伸

人工智能作为人类智慧的延伸，将在未来扮演至关重要的角色。它将提高人类的认知能力，帮助人们解决更多的复杂问题。在科学研究领域，AI 能够处理和分析海量数据，揭示隐藏在数据背后的模式和趋势，从而加速新药物的研发、疾病的预防和治疗，以及宇宙探索的效率。在艺术创作领域，AI 将激发新的创意，与艺术家合作创作出超出传统想象的作品，拓宽艺术的边界。在工程设计方面，AI 将优化设计流程，提高设计效率，实现更加智能化的建筑、交通和基础设施建设。

促进人工智能与
人类的和谐发展

AI 的算法和数据处理能力将为人类提供新的视角和解决方案，从而加速创新进程。在环境科学领域，AI 可以帮助人们更好地分析气候变化，预测自然灾害，制定有效的应对策略。在经济领域，AI 将通过智能算法分析市场趋势，为企业决策提供支持，促进企业效益的稳定增长。在社会服务领域，AI 可以提升公共服务的效率和质量，如智能客服、智慧城市管理等，使人们的生活更加便捷舒适。

通过以上这些方式，人工智能不仅将成为人类解决问题的有力工具，更将成为推动人类智慧飞跃的催化剂。它将激发人类探索未知的热情，促进跨学科的融合，引领人类进入一个全新的智能时代，共同开创无限可能的未来。

智能客服

（二）人工智能与人类和谐共处

未来，人工智能将与人类形成一种共生关系，融入人类生活的方方面面。在家庭生活中，智能家居系统可以帮助人们控制家中的灯光、温度，甚至播放音乐，为家庭生活带来便利。在医疗场所，AI 助手可以帮助医生分析医疗影像，提高诊断的准确性，同时减轻医生的工作负担。在社会交往中，AI 聊天机器人能够为人们提供情感支持，陪伴孤独的人，在心理健康领域发挥积极作用。

未来，AI 的发展将更加注重伦理道德问题。AI 系统在设计时将更加注重数据安全和隐私保护，也更加注重透明度和可解释性，以确保用户和利益相关者的权益不受侵害。

未来，AI 并不会取代人类的工作，而是创造新的就业机会。根据麦肯锡的报告，到 2030 年，自动化和 AI 可能会使约 7500 万个现有工作消失，但同时也将创造约 1.33 亿个新工作。

总之，AI 与人类的共生愿景是一个充满机遇和挑战的未来。通过合理的设计和监管，AI 将成为人类的伙伴，拓展人类的能力，提高人类的生活质量。

（三）人工智能促进人的自由全面发展

人工智能的发展正在深刻地改变着人类的生活和工作方式，促进人的自由全面发展。在教育领域，AI 的应用已经显现出其个性化学习的巨大潜力。例如，智能教育平台利用 AI 分析学生的学习习惯和进度，提供定制化的学习计划和资源，帮助学生在数学、科学、编程等多个领域实现个性化学习。这种模式不仅提高了学习效率，还激发了学生的学习兴趣，使他们能够根据自己的节奏和兴趣点进行学习。在工作领域，AI 正在逐步接管那些重复性和高强度的任务，如数据分析、客户服务等，从而让人类员工能够专注于更具创造性和战略性的工作。例如，IBM 的 Watson Assistant 可以帮助企业自动处理大量客户咨询，减轻客服人员的工作负担，使他们能够专注于解决更复杂的问题。这种转变不仅提高了工作效率，也为员工提供了更多的职业发展机会。在医疗健康领域，AI 的应用正在改变传统的医疗服务模式。例如，AI 辅助诊断系统的医学影像分析工具，能够提高诊断的准确性和效率，尤其在癌症早期筛查中发挥着重要作用。在娱乐领域，AI 能够提供更加个性化的体验。例如，Netflix 的推荐系统利用 AI 分析用户的观影历史和偏好，为其推荐个性化的电影和电视节目，极大地丰富了用户的娱乐选择。同时，AI 在音乐创作中的应用，如 AIVA，能够根据用户的情感和场景创作音乐，为人们带来全新的艺术享受。

通过以上这些应用，AI 不仅提高了人们的生活质量，还让人们有更多时间和精力去追求个人兴趣和家庭幸福。随着 AI 技术的不断进步，未来将有更多的领域实现智能化，为人类带来更多的自由，推动社会向更加和谐、智能、自由、幸福的方向迈进。

二、确保人工智能助力人类文明进步

（一）人工智能实现人类文明传承

人工智能在传承和弘扬人类文明方面发挥着日益显著的作用。在文化传播方面，人工智能技术的应用不仅增强了文化遗产的可访问性和教育价值，还推动了全球文化交流与理解。Google Arts & Culture 项目通过 AI 技术，如图像识别和增强现实，使用户能够通过智能手机或电脑屏幕，身临其境地体验世界各地的博物馆和历史遗址，极大地拓宽了公众对文化遗产的认知，促进了教育的普及。在语言翻译领域，AI 的运用显著提高了翻译的准确性和效率。谷歌翻译支持超过 100 种语言的即时翻译，每天处理的翻译请求超过 1500 亿个单词。这种技术的应用不仅促进了国际旅行和商务交流，还帮助那些语言资源有限的群体获取信息和知识，从而推动全球文化的共享。AI 在教育领域的应用也有助于文明的传承。智能教育平台能够根据学生的学习进度和理解能力提供个性化的学习资源，使得教育资源分配更加公平。例如，Khan Academy 利用 AI 分析学生的学习数据，为其提供定制化的学习路径，帮助其在学业上取得进步。

随着 AI 技术的不断发展，其在传承人类文明方面的作用将更加显著，将为全球文化交流、教育普及提供强大的支持。

🧠 思维训练

在 2024 年世界数字教育大会的"人工智能与数字伦理"平行会议上，英国伦敦玛丽女王大学校长、英国皇家工程院院士科林·贝利分享了一项关于本校学生的调研结果。他指出，"89% 的学生使用 ChatGPT 完成家庭作业，48% 的学生承认在家测试时使用了 ChatGPT，53% 的学生使用其写过一篇论文。"这一数据揭示了生成式人工智能在教育领域引发的学术不端行为及其对教育体系的潜在破坏性影响。展望未来，人工智能与人类将形成更为紧密的共生关系，将深入家庭、教育、医疗和娱乐等各个领域，与人类携手共进。

💡【想一想】面对学生对生成式人工智能工具的依赖，当前教育体系需要进行怎样的改革来适应这一现状，又该如何培养具备人工智能素养和伦理意识的新型人才？

（二）人工智能推动人类文明创新

人工智能技术的发展正在为人类文明创新提供前所未有的动力。在科学研究领域，AI 的应用已经实现了多个突破。例如，OpenAI 的 GPT-3 模型在自然语言处理方面取得了显著成就，能够生成连贯且富有创造性的文本，这在学术研究和内容创作方面具有重要价值。NASA 的 Kepler 太空望远镜项目，通过 AI 分析天文数据，帮助科学家发现了数千颗潜在的系外行星候选者。在医疗领域，AI 的应用正在改变诊断和治疗过程。例如，IBM Watson Oncology 系统通过分析患者的医疗记录和最新的医学研究，为医生提供个性化的治疗建议。AI 在艺术和文化领域的创新同样引人注目。AI 音乐创作系统 AIVA 已经创作出多首音乐作品，并在国际音乐节上进行了演出。此外，Weta Digital 的虚拟角色技术在电影《阿凡达》和《指环王》系列中得到了应用，为观众带来了震撼的视觉效果，推动了电影制作技术的革新。

随着 AI 技术的不断进步，其在教育、交通、环境监测等领域的应用也将不断扩展。例如，AI 在智能交通系统中用于优化交通流量，减少拥堵；在环境监测中，AI 用于分析卫星图像以监测森林砍伐和气候变化。

三、推动人工智能提升人类社会福祉

（一）共享人工智能技术，促进全球知识资源的均衡发展

人工智能技术的共享正在加速全球知识资源的均衡发展，为不同地区的科技创新和进步提供支持。开放 AI 平台如 Google 的 TensorFlow 和 Facebook 的 PyTorch，通过提供免费的机器学习框架，降低了技术门槛，使得全球各地的开发者都能够参与到 AI 的研究和应用中。这些平台的开放不仅促进了技术创新，而且推动了知识的全球传播。

在发展中国家，AI 的应用效果尤为显著。例如，肯尼亚的 Solve Education！项目利用 AI 技术开发了个性化学习平台，帮助当地学生提高数学成绩。在印度，AI 技术被用于农业领域，通过分析卫星图像和天气数据，为农民提供作物种植建议，有助于提高产量。此外，中国的阿里巴巴集团通过其 ET 大脑项目，将 AI 技术应用于城市交通管理，有效缓解了交通拥堵问题。

以上这些案例表明，作为新质生产力发展的重要引擎，AI 技术的共享不仅促进了技术在全球范围内的普及，还催生了本地化的创新解决方案，帮助解决特定地区的实际问题。随着 AI 技术的进一步发展和共享，预计未来将有更多类似的应用出现，为促进全球的可持续发展和增进人类福祉做出贡献。

 智慧锦囊

中国高度重视创新发展，把新一代人工智能作为推动科技跨越发展、产业优化升级、生产力整体跃升的驱动力量，努力实现高质量发展。
——2019 年 5 月 16 日，习近平主席向第三届世界智能大会致贺信

（二）共治人工智能风险，确保技术发展的安全可控

AI 技术的快速发展为人类带来了前所未有的机遇，同时也带来了安全和伦理方面的挑战。为了应对这些挑战，全球范围内的合作变得至关重要。欧盟的《通用数据保护条例》是一个标志性的合作成果，它为个人数据保护设定了高标准，要求企业在处理个人数据时必须遵循透明、公正和安全的原则。《通用数据保护条例》的实施显著提高了公众对数据隐私保护的意识，推动了全球范围内对 AI 伦理和法律框架的讨论。

联合国教科文组织等国际组织在推动全球对话方面发挥了重要作用。联合国教科文组织通过其全球 AI 伦理倡议，邀请不同国家、不同文化和学科背景的专家共同探讨 AI 伦理问题，旨在制定一套国际认可的 AI 伦理准则。这些准则将指导 AI 技术在尊重人权、促进社会公正和可持续发展的前提下进行发展。

此外，全球多个国家和组织也在积极推动 AI 治理的国际合作。例如，加拿大、法国、德国、印度、日本、墨西哥、新加坡、韩国和英国等国共同发起了 AI 影响评估倡议，旨在评估 AI 技术对社会、经济和环境的影响，并提出相应的政策建议。这些合作有助于形成全球共识，确保 AI 技术的发展能够造福全人类，同时避免潜在的负面影响。

通过这些国际合作和对话，AI 技术的安全性和可控性得到了加强，为实现人类与 AI 的和谐共生提供了坚实的基础。随着全球共同努力，AI 技术有望在增进人类福祉、解决全球性问题及推动可持续发展方面发挥更大的作用。

（三）共建人类命运共同体，实现人工智能的全球共治共赢

在全球化时代，人工智能作为一项颠覆性技术，正以前所未有的速度改变着世界的面貌。它不仅推动了科技创新，也带来了经济、社会、文化和政治领域的深刻变革。在这样的背景下，共建人类命运共同体，实现人工智能的全球共治共赢，成为国际社会面临的重大课题。

为实现共治共赢，需要构建一个包容性的国际合作框架。这包括加强国际合作，建立多边机制，推动技术交流和知识共享。发达国家和发展中国家应发挥各自的优势，实现共同发展。例如，发达国家可以分享其在 AI 领域的先进技术和经验，而发展中国家则可以提供丰富的应用场景和市场机会。

在政策层面，国际社会应共同努力，制定国际人工智能伦理准则，建立全球 AI 治理框架。这不仅涉及技术标准的制定，还包括对 AI 应用的监管，以及对 AI 可能带来的社会问题的预防和应对。此外，国际法律和政策的协调一致对于确保 AI 技术的公平性和可持续发展至关重要。

人工智能全球伙伴关系（Global Partnership on AI，简称 GPAI）组织是一个国际合作组织，旨在应对人工智能技术快速发展带来的全球性挑战。GPAI 的宗旨是推动建立一个开放、包容、透明的国际 AI 治理框架，以确保 AI 技术的发展能够造福全人类，同时防范潜在的风险。这一组织以"以人为本、智能向善"为原则，倡导各国在尊重彼此主权的基础上，共同制定和遵守 AI 技术的国际标准和规范。

GPAI 的倡议与我国提出的《全球人工智能治理倡议》相呼应，后者强调了人工智能发展的逻辑脉络和目标指向，奠定了全球人工智能治理的价值底蕴。我国倡议中提到的"智能向善"的宗旨、相互尊重和平等互利的原则，以及对 AI 技术在军事领域研发和使用的慎重态度，都是 GPAI 努力实现的目标。通过国际合作，国际社会正共同努力，以确保 AI 技术的健康发展，为构建人类命运共同体贡献力量。

展望未来，通过持续的对话、合作和创新，人工智能将为人类带来更多的福祉。共建人类命运共同体，实现人工智能的全球共治共赢，不仅是一个理想，更是一个迫切的现实需求，这要求人们超越国界，携手合作，共同面对挑战，共享成果，以确保 AI 技术成为推动人类社会进步的强大力量。

延伸学习

2023 年 1 月 30 日，来自远期人工智能研究中心和中国科学院自动化研究所的类脑人工智能、人工智能伦理科研工作者以中英文版本同步发布了《自然生命与人工智能生命共生的原则》，这是人工智能科技工作者对"不同形态自然生命、未来具有生命的高等人工智能、数字人类能否及如何和谐共生"这一问题的回应。

"人工智能"与"增强智能"的发展将使生命呈现多样化发展的形式，以人类为中心的人工智能、增强智能的发展愿景需要尽早被重新审视、并尽可能做出更好的准备，以应对未来的变革。

在未来，人工智能、增强智能、数字技术、脑与神经科学的发展，将有可能使我们生存的地球上出现智能水平达到甚至超越自然演化缔造的人类的智能生命，传统意义上的"人类"也很可能将不再处于智能金字塔的最顶端。

"人类如何与包括其自身、非人动物植物等自然生命，以及其他类型的人工智能生命共同形成可持续共生社会"是关乎人类存在性的重要议题，这在给人类生存带来根本性挑战的同时，也将给人类发展带来变革性机遇。

课后拓展

以小组为单位，尝试利用生成式人工智能技术，创作一个以中国传统哲学或中华文化为主题的，融图像、音频、文本为一体的故事。

课后思考

1. 马克思指出，之所以出现"机器排挤人"的现象，问题并不在于机器本身，机器作为一门科学技术，是作为生产力而存在的，问题的症结在于生产关系——机器的资本主义应用激化了社会矛盾。请以小组为单位，尝试借助马克思关于技术与人类社会发展的有关理论，分析未来人工智能是否会取代人类。

2. 2022 年，我国开始实施"国家文化数字化战略"。推进文化数字化，文化资源采集是前提。请以小组为单位，尝试提出借助人工智能技术加快推进中华文化采集的若干策略。

3. 试回答人类与人工智能如何和谐共生。

课后测验

交互式测验：第七章第一节　　交互式测验：第七章第二节　　交互式测验：第七章第三节

参考文献

[1] 马克思恩格斯全集，第3卷. 北京：人民出版社，1960.

[2] 马克思恩格斯全集，第10卷. 北京：人民出版社，1998.

[3] 孔子弟子及再传弟子. 论语. 北京：中华书局出版社，2016.

[4] 老子. 道德经. 北京：中华书局出版社，2022.

[5] 吴毓江，孙启治. 墨子校注. 北京：中华书局出版社，2006.

[6] 约翰·马尔科夫，郭雪. 与机器人共舞. 浙江：浙江人民出版社，2015.

[7] 乐毅，王斌. 深度学习. 北京：电子工业出版社，2016.

[8] 岳广鹏. 人机交互变革时代. 北京：新华出版社，2021.

[9] 腾讯研究院，中国信息通信研究院互联网法律研究中心，腾讯AI Lab等. 人工智能. 北京：中国人民大学出版社，2017.

[10] 王泉. 从车联网到自动驾驶. 北京：人民邮电出版社，2018.

[11] 杜严勇. 人工智能伦理引论. 上海：上海交通大学出版社，2020.

[12] 莫宏伟，徐立芳. 人工智能伦理导论. 西安：西安电子科技大学出版社，2022.

[13] 沈寓实，徐亭，李雨航. 人工智能伦理与安全. 北京：清华大学出版社，2021.

[14] 陈小平. 人工智能伦理导引. 安徽：中国科技大学出版社，2021.

[15] 季凌斌，周苏. AI伦理与职业素养. 北京：中国铁道出版社，2020.